天文学者とめぐる 宮沢賢治の宇宙

イーハトーブから見上げた夜空

谷口義明・渡部潤一・畑英利 著

丸善出版

扉写真：初秋を迎えた北上川の風景

撮　影：畑英利，撮影地：岩手県北上市

はじめに

宮沢賢治は[a]１８９６（明治29）年、岩手県稗貫郡里川口村で生まれた。現在の花巻市である。享年は１９３３（昭和８）年なので、わずか37年の人生であった。それにもかかわらず、膨大な短歌、詩、そして童話を遺した。生前に出版されたものはほんのわずかであったが、いまでは大全集が出版されている。[b]

死後に発見された手帖に残されていたメモ「雨ニモマケズ」は道徳、あるいは情操教育にも使われ、賢治の名前を知らない人はいないほどである。不思議な国民的作家である。

本書では、賢治の作品の中から、天文学に関連する謎について考えてみることにする。そもそも、賢治の童話の代表作として名高い『銀河鉄道の夜』はいまから１００年も前に紡がれたものとは思

a　正しくは宮澤賢治であるが、本書では宮沢賢治とする。ただし、引用元が宮澤の場合は、それに従った。また、本文では、賢治と略させていただく。

b　現在手に入る最新・最大の全集は『【新】校本 宮澤賢治全集』（編纂校訂：宮澤清六・天沢退二郎・入沢康夫・奥田弘・栗原敦・杉浦静、筑摩書房、１９９５-２００９）である：全16巻、別巻１（全19冊）。本書での引用はこの全集に準拠し、巻数と頁数のみを記すことにした。この全集は全巻、本文篇と校異篇からなる。校異篇の場合は明記する。

えないほど、現代天文学で理解できる部分も多い（『天文学者が解説する宮沢賢治『銀河鉄道の夜』と宇宙の旅』谷口義明、光文社（光文社新書）、２０２０）。そこで、まず賢治はなぜ宇宙に詳しくなったのか、そして、賢治がどうやって『銀河鉄道の夜』の構想に至ったのかを考えてみる。

次に、草下英明（1924－1991）が提起した問題について考えることにする。草下は科学解説者として活躍した方で、私たちが子どもの頃はテレビの科学番組でよく顔をお見掛けした。大変わかりやすい解説で、子ども心に凄い人だと尊敬していた。

その草下の著書『宮澤賢治と星』（學藝書林、１９７５）の中に面白い記述を見つけた。

……………

賢治の作品中で天体に言及した言葉のうち、どうしても意味のとれないものが二つある。一つは『夏夜狂躁《かや》』という詩の中で、カシオペヤ座のことを「三日星」と呼んでいること。今一つは童話『銀河鉄道の夜』の最後の方に書かれている「プレシオスの鎖」である。（40頁）

草下をもってしても解けない謎があるというのだ。

・なぜカシオペヤ座が「三日星」なのか

（三日星は三目星の誤植であることがわかっている）

・『銀河鉄道の夜』初期形に出てくる「プレシオスの鎖」とは何か

これら二つの謎である。草下だけでなく、誰しもすぐには理解できない大きな謎である。

さらに『銀河鉄道の夜』には次の二つの謎の言葉もある。

・「がらんとした桔梗色の空」とは何か
・「天気輪の柱」とは何か

天文学の知識を使ってこれら四つの謎の言葉について読み解いていくことにする。

賢治の作品を読むと、賢治は身の回りにあるもの、身の回りで起こっていることを素直に書き留めているように感じられる。そもそも〝賢治は不思議な人〟である。五感のみならず、第六感、いや霊感というべきか、すべての感覚が常人ではありえないレベルで研ぎ澄まされていたと感じてしまう。

実際、この点は、賢治関係の論考でよく取り上げられているポイントでもある。

そして、その答えは『注文の多い料理店』の「序」に書いてある。


わたしたちは、氷砂糖をほしいくらゐ持たないでも、きれいにすきとほった風をたべ、桃いろのうつくしい朝の日光をのむことができます。

またわたくしは、はたけや森の中で、ひどいぼろぼろのきものが、いちばんすばらしいびらうどや羅紗や、宝石いりのきものにかわってゐるのをたびたび見ました。

わたくしは、さういふきれいなたべものやきものをすきです。

これらのわたくしのおはなしは、みんな林や野原や鉄道線路やらで、虹や月あかりからもらつてきたのです。

ほんたうに、かしはばやしの青い夕方を、ひとりで通りかかつたり、十一月の山の風のなかに、ふるえながら立つたりしますと、もうどうしてもこんな気がしてしかたないのです。ほんたうにもう、どうしてもこんなことがあるやうでしかたないといふことを、わたくしはそのとほり書いたまでです〔。〕

ですから、これらのなかには、あなたのためになるところもあるでせうし、ただそれつきりのこともあるでせうが、わたくしには、そのみわけがよくつきません。なんのことだか、わけのわからないところもあるでせうが、そんなところは、わたくしにもまた、わけがわからないのです。

けれども、わたくしは、これらのちいさなものがたりの幾きれかが、おしまひ、あなたのすきとほつたほんたうのたべものになることを、どんなにねがふかわかりません。

宮澤賢治

大正十二年十二月二十日

（第十二巻、7頁）

つまり、賢治の紡ぐ物語の起源をまとめると、次のように要約できる。

これらのわたくしのおはなしは、みんな林や野原や鉄道線路やらで、虹や月あかりからもらってきたのです。

本書では、これまでにいくつかの雑誌に掲載された賢治関係の原稿をまとめてみた。賢治にはかないそうもないが、賢治自身、次のように語っていることをお忘れなく。

なんのことだか、わけのわからないところもあるでせうが、そんなところは、わたくしにもまた、わけがわからないのです。

賢治の与えてくれたさまざまな謎について考えることができたのは大きな喜びである。天文学者が観た宮沢賢治の宇宙を、皆さんに楽しんでいただければ幸いである。なお、文中では敬称を略させていただいた。

2022年5月

著者を代表して

谷口　義明

目次

第4章　玲瓏レンズと水素のりんご　93

第5章　ジョバンニが銀河鉄道の中から見た、がらんとした桔梗色の空の謎　115

第1章　理科少年から銀河鉄道へ

撮影：畑英利，奥州宇宙遊学館

幼少期：理科少年としての賢治

賢治童話の名作として名高い『銀河鉄道の夜』には、さまざまな星座や天文学の当時の知見が込められている。賢治はそのような知識をどのようにして得ていったのだろうか。また、幼少時代の賢治の趣向などから、星好き、あるいは理科少年としての賢治像についても見ていくことにしよう。

賢治ほど、その人生も作品も詳細な解釈や研究がなされた作家は他にいないだろう。[1]賢治の繊細な感性が発露された作品は、多くの人を惹きつけて止まないからでもあるが、同時に幼少期から亡くなるまでの行動も詳細に調べられている。この章では、とくに幼少期の賢治、理科少年そして星好きとしての賢治の側面を取り上げて解説する。

ご存じのように、賢治が生まれた当時の東北地方は三陸地震や陸羽地震とその後に引き続いた冷害による凶作で、多くの農民が困窮をきわめていた。賢治の場合、生家が質・古着商だったため、そうした困った人たちが家財道具などを売りに来る姿を、幼い頃から目にして育つことになる。多くの賢治研究者が指摘しているように、これが賢治の人間形成や思想に強く影響したのは間違いないだろう。

後年、彼は農家を助けるべく、教師を辞めて「羅須地人協会」を設立し、農民芸術を説きつつ、農業指導に奔走することになる。そして身体をこわした後、東北砕石工場技師として石灰肥料の販売に携わりながら、個人的にも肥料の指導にあたっていた。こうした彼の献身的な思想は『銀河鉄道の夜』の中で、ジョバンニが南十字星の隣で不気味な雰囲気を醸し出している天体、石炭袋を眺めながらいった、次のフレーズに集約されている。

きっとみんなのほんたうのさいはいをさがしに行く。どこまでもどこまでも僕たち一緒に進んで行かう。

（第十一巻、１６７頁）

石炭袋は、後にも天文学的に解説するが、暗黒星雲という天体の一つである。その正体はガスやダスト（塵）を含むガス雲だが、背景にある天の川の星たちの光を遮ってしまうので、その方向は真っ黒に見える。賢治は、この暗黒星雲を効果的に使い、その後、カムパネルラの姿が消えるというクライマックスの暗喩として登場させているわけである。

賢治の思想を結実させた文学作品に、星や宇宙が効果的に使われているのは、『銀河鉄道の夜』だけではない。それも、現代の天文学者の目から見てもかなり正確な描写だったりする。賢治はどのようにして星や宇宙の知識を得ていったのかを考えると、そこに理科少年としての賢治の姿が浮かび上がってくる。

元来、賢治はとりわけ好奇心旺盛な子どもだったようだ。野山を駆け回り、石や昆虫を集めるのに夢中になった。いわゆる昆虫採集、鉱物収集というのは、理科少年が一度は通る王道といってもよい。とくに石集めは熱中したようで、その収集癖から「石っこ賢さん」というあだ名までつけられていたほどである。やがて木の実採取、化石掘りに凝っていくことになる。その知識や経験は群を抜いており、もしかしたら賢治は科学研究などのほうが向いているのでは、と考えていた節さえある。教師時代のことであるが、詩人である草野心平（1903–1988）に宛てた手紙には、次のフレーズがある。

私は詩人としては自信がありませんが、一個のサイエンティストとしては認めていただきたいと思います。

文壇で認められることなく、作品が売れることもなく、また教師生活に満足しながらも、いささかの疑問を持ちつつあった賢治の真情を吐露したものに他ならない。ちょうどこの頃、東北帝国大学理科大学地質学教室の早坂一郎（1891–1977）が、北上川に調査に来ていて、賢治が案内したことがあった。１９２５（大正14）年の秋のことである。幼少期の石集めは、教師になってからも生徒を連れて、現在でいう「地質巡検」に出掛けていたほどだから、早坂が地元に明るい賢治を頼ったのも自然だったろう。おそらく賢治もまんざらではなかったのだと思われる。そのとき、賢治らはイギリス海岸と名づけた北上川の川岸で、昔の胡桃の化石を採集した。この胡桃の化石採集の研究成果は、地質学の学術雑誌『地學雑誌』に〝岩手縣花巻町産化石胡桃に就いて〟[2]という論文に結実しており、早坂は謝辞で、「化石採集に便宜を與へてくださつた盛岡の鳥羽源藏氏花巻の宮澤賢治氏に感謝の意を表する（大正十四年十二月二十二日）」と述べている。ちなみに、『銀河鉄道の夜』でプリオシン海岸での胡桃の化石を発掘している大学士は早坂がそのモデルである。

採集された胡桃は、110万年ほど前に絶滅したオオバタグルミであり、現在のような小型のオニグルミへ進化していく前の段階の種である。この発見は貴重なもので、その先駆者として賢治の功績は大きい。早坂は賢治に論文の共著者になって欲しいと頼んだとされているが、賢治は固辞したといわれている。しかし、その一方で誇らしい、あるいはもしかしたら、こうした科学への貢献が続けられるのではないかという気持ちもあって当然だったのだろう。

根っからの地質・鉱物好きの賢治だったからこそ、「サイエンティスト」として認めて欲しい、という草野への一文は、早坂を案内しての胡桃の化石採集の時期と一致することからも、賢治の心情がじつは大きく揺らいでいたことを示すものなのかもしれない。

天文少年としての賢治

何にでも手を出してみたくなる理科少年の習性として、当然ながら、その興味は夜空の星にも向けられていった。何しろ、当時の花巻のことである。街灯などはほとんどなく、夜は真っ暗だ。見上げれば、そこには満天の星が輝いていたはずである。理科少年の性向を持つ好奇心旺盛な少年が、見上げた先に満天の星空があれば、当然ながら興味がそそられるに違いない。

星への興味は、旧制盛岡中学へ入学し、寄宿舎に入った頃からとくに強くなったようだ。親元を離れ、同年代の友人たちと一緒に生活することは、彼の精神面に大きな影響を与えた。何しろ、小学校を卒業したばかりの年齢である。いまのように携帯電話やインターネットで手軽に連絡できる時代ではない。親元を離れて生活する心細さは察してあまりある。感性あふれる思春期の賢治のこと、もしかすると、泣きながら夜空を見上げることもあったかもしれない。また、この時代には、かの有名なハレー彗星が回帰している。1910（明治43）年のハレー彗星は、その尾が地球を通過するため、雄大な姿が見られただけでなく、尾の成分が有毒ガスだということで大騒ぎになっていた。当然ながら、賢治はそういった騒ぎも見聞きしていたはずである。ただ不思議なことに、どんな記録を見てもハレー彗星のことは賢治の文章や記録には表れてこない。

これを疑問に思った人がいる。須川力である。須川は水沢緯度観測所に所属していた天文学者である。須川も賢治はハレー彗星を見たはずだと思っていたのだが、賢治がハレー彗星を見た心象を一切残していないことを疑問に思い、弟の宮澤清六に伺ってみたそうだ。清六の返事は次の通りとのことだ。須川が『宮沢賢治 6』に寄せた「ハレー彗星と宮沢賢治」[3]という論考を見てみよう。

> 私は明治三十七年四月一日生まれで、ハレー彗星は両親と一緒に西北西の空に肉眼で大きく、はっきりと見て感激しました。しかし、賢治は盛岡中学校の寄宿舎のなかになにかの事件だったか、[c] なにかの理由でハレー彗星を見なかったように思います。あれだけのはっきりした彗星の出現という大事件をちょっとも書いていないというのは不思議です。

なんと、賢治はハレー彗星を見なかったのである。これは驚きとしかいいようがない。しかし、当時は大きなニュースとして報道されていたはずである。いずれにしろ、こうした状況は、もともと理

c　1910年に回帰したハレー彗星は、日本では4月~5月にかけてその勇姿が観測された。賢治が盛岡中学の二年生になった頃のことだ。【新】校本の年譜を見る限り、その頃、賢治が何かトラブルに巻き込まれた形跡は見受けられない（第十六巻（下）補遺・資料 年譜篇、62頁）。

科少年だった彼の心に触れ、星への思いを強くしていった可能性がある。

もう一つ、この寄宿舎の友人の影響は非常に大きかったと考えられる。とくに山梨からやって来た保阪嘉内（1896－1937）である。[4] 彼の存在が賢治のその後の人生に大きな影響を与えたことは、これまでの研究から明らかにされているが、じつは保阪は文学や演劇という芸術だけでなく、天文学にもかなりの程度通じていた可能性がある。賢治とは異なり、保阪は山梨で目撃したハレー彗星のスケッチを残しているのだ。これは甲府中学時代の多くのスケッチの1枚として、「ハーリー彗星之図　五・廿夕八刻」と記されたものだ。甲州の山々の上に尾を引くハレー彗星の姿を、「銀漢ヲ行ク彗星ハ夜行列車ノ様ニニテ遙カ虚空ニ消エニケリ」と記している。ちなみに、銀漢とは銀河、つまり天の川のことだ（この絵に描かれた星空については、加倉井厚夫が詳しく研究している）。[5] 当時、保阪は甲府中学の一年生として寄宿舎にいたが、じつはその寄宿舎の舎監が、教師として赴任していた、かの有名な野尻抱影（1885－1977）であった。英文学者でありながら、宇宙や天文学に造詣が深く、数々の名著を残した偉人で、漢字圏における「冥王星」の名づけ親でもある。もしかすると、その薫陶を保阪が受けていた可能性はかなり大きい。

いずれにしろ、中学時代になって、賢治が天文少年になっていたことはたしかだ。賢治が星にかなり凝っていた様子は、清六の回想録に綴られている。

夕方から屋根に登ったきりでいつまで経っても下りて来ないようなことが多くなってきました。丸いボール紙で造られた星座図を兄はこの頃見ていたものですが、それは真っ黒い天空にいっぱいの白い星座が印刷されていて、ぐるぐる廻せば、その晩の星の位置がわかるようになっているものでした。[6]

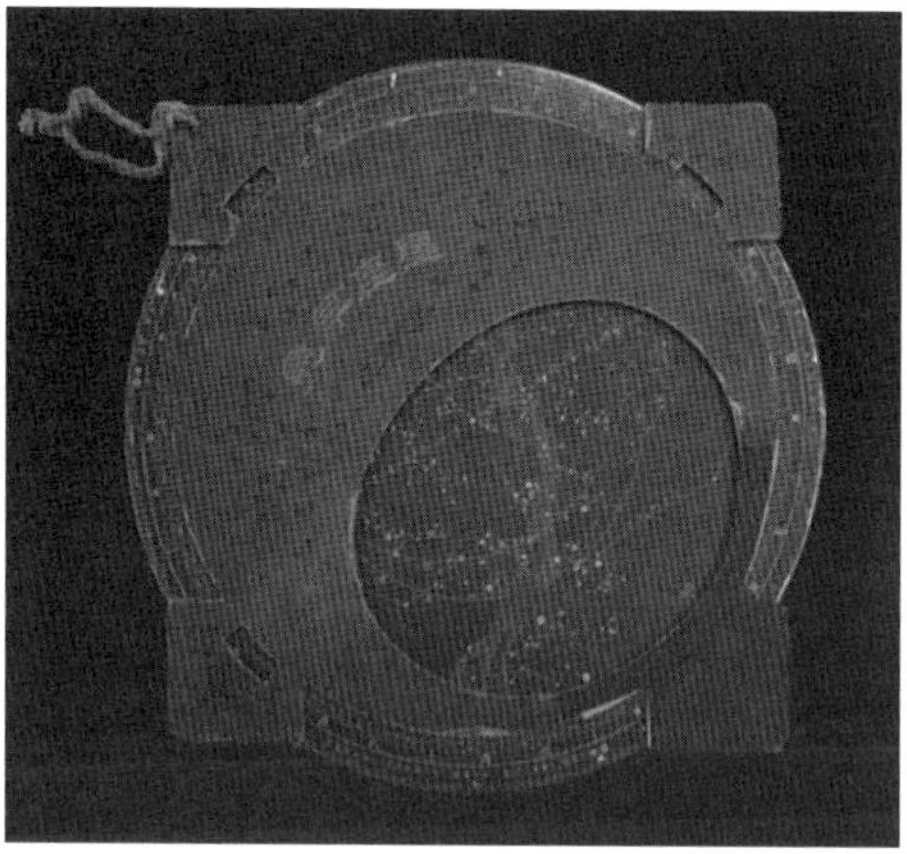

図１　賢治が用いていたものと同じ星座早見盤.［撮影：飯島裕，日本天文学会編，三省堂発行，国立天文台所蔵］

これは星座早見盤というもので、いまでも書店で購入することができる。大正時代に発売されていた星座早見盤は、『誰にも必要な星の圖』[7]や『改訂 星の圖 全』[8]などがある。賢治が中学生の頃だと、ぐるぐる回る盤の重ね合わせによる星座早見盤としては、日本天文学会編・三省堂発行のものしかなかった。[9]したがって、この早見盤は特定できていて、同じ時代のものが賢治も訪問したことのある旧・緯度観測所（現・国立天文台水沢ＶＬＢＩ観測所）に現存している（図１）。

天文知識の源泉

では、天文少年・賢治はどのようにして天文・宇宙に関する知識を得て、それを作品へと結実させていったのだろうか。賢治の時代は、現代のように情報が氾濫する状況ではないため、天文少年として、いくつかの宇宙・天文に関する本を読みあさったに違いない。ただ、岩手までそうした書籍が届いていたかどうかはたしかではない。もともと明治時代には、科学や哲学全般の書籍で天文学が紹介されることはあったが、単行本としては、当時の東京天文台に勤めていた一戸直蔵《いちのへなおぞう》による著作群（表1参照）や翻訳がわずかにあるのみだった。それらの本を手にできたかどうかはわからない。ただ、おそらく限られた情報源を元に科学的な興味を少しずつ芸術として発露していく様子は中学時代の作品からも読み取れる。

賢治は、中学時代には同郷である石川啄木（1886–1912）の影響もあって、すでに文学や歌に目覚めており、短歌で最初に星が詠み込まれたのは15歳の頃である。

鉄砲が　つめたくなりて　みなみぞら　あまりにしげく　星流れたり　　（第一巻、１０３頁）

表1　賢治の時代に出版されていた天文書[†1]

著　者	書　名	出版社	出版年
一戸　直蔵	『月』	裳華房	1909年
一戸　直蔵	『暦』	裳華房	1909年
一戸　直蔵	『星』	裳華房	1910年
山本　一清	『星座の親しみ』	警醒社	1921年
山本　一清	『星空の観察』	警醒社	1922年
山本　一清	『遊星とりどり』	警醒社	1922年
山本　一清	『火星の研究』	警醒社	1924年
山本　一清	『宇宙開拓史講話』	警醒社	1925年
関口　鯉吉	『太陽』	岩波書店	1925年
関口　鯉吉	『天体』	岩波書店	1926年
神田　茂	『彗星』	古今書院	1924年
古川　龍城	『天体の美観　星夜の巡禮』	表現社	1923年
古川　龍城	『星のローマンス』	新光社	1924年
古川　龍城	『天文學と人生』	想泉閣	1924年
野尻　抱影	『三つ星の頃』	研究社	1924年
野尻　抱影	『星座巡禮』	研究社	1925年
吉田源治郎	『肉眼に見える星の研究』	警醒社	1922年

†1　なお，最後の吉田源治郎の著作以外は参考文献に載せていない．

　これは盛岡中学校での三大行事の一つ、岩手山麓での秋の鉄砲演習の情景とされている。秋の夜、金属でできた鉄砲が冷たくなり、夜露に濡れる様子が目に浮かぶ。天文ファンであれば、天体望遠鏡の金属部分が放射冷却によって、あっというまに冷えていくのを知っているので、この短歌には共感できるはずだ。また、夏から秋は季節的に流星が多い時期である。特別に流星群の出現する時期でなくても、結構な数の流星が出現するのだ。街明かりや街路灯などによって、星が見えなくなる光害などほとんど考えられない時代の夜空に、賢治は多くの流星を目にしたことだろう。

その後、短歌だけでなく、物語などにも宇宙や星を登場させるようになる。ただ、それが明確なかたちになっていくのは、中学卒業後、無断で上京し、国柱会の門を叩いた後である。宗教者として生きていこうとした若い時代の賢治である。この上京の期間中、おそらくそれまで岩手では触れられなかった星の情報に触れたのではないかと考えられる。

賢治が上京した大正時代に入ると、星や宇宙の一般向けの書籍の出版が少しずつ増えていった。例えば京都大学に勤務し、日本ではじめて天文愛好家の組織を立ち上げた山本一清による著作群、東京天文台の関口鯉吉による著作群、同じく東京天文台の神田茂による著書、そして真に天文学書といえるかどうかはわからない内容だが、古川龍城《りゅうじょう》の著作群、そして、昭和になってから名作を著すことになる野尻抱影の初期の著作群などである（表1参照）。

このうち、多くの研究者がこれまで指摘しているのが、キリスト教の布教で有名な吉田源治郎の『肉眼に見える星の研究』[10]からの影響である（図2）。そもそも当時の天文書は、まだ天体物理学が発展していない時代だったので、太陽、月、明るい五つの惑星（水星、金星、火星、木星および土星）、彗星、そして星や天の川などの簡単な解説が載っている程度のレベルであった。そのため、星座の説明にもかなりの分量の記述があった。そういう意味では、天体観望の手引書の役割も担っていたのである。

寺門和夫の『「銀河鉄道の夜」フィールド・ノート』[11]によれば、吉田の『肉眼に見える星の研究』は『銀河鉄道の夜』の構想にも役に立ったことが指摘されている。吉田はクリスチャンであったため、はくちょう座を〝北の十字架〟、そして、みなみじゅうじ座を〝南の十字架〟と紹介していた。これは、『銀河鉄道の夜』の旅路の流れを彷彿とさせる。また、当時の天文書には星座の図も載っていたが、単に星座を線で結んで示すだけでなく、星座の姿も描かれていた。賢治の好奇心を誘うには格好の書物だったのだろう。

図２　吉田源治郎の『肉眼に見える星の研究』.
［渡部潤一所蔵］

星に〝視線〟を感じた賢治

さらに重要な点は、さそり座の表現についてである。さそり座はご存じのように、夏の代表星座の一つで、南の地平線上に大きなS字カーブを描く見事な星の配列である。そして、その中心には1等星アンタレスが赤く輝いている。このアンタレスは、ちょうどさそりの心臓にあたる場所にある。ところが賢治の作品では、アンタレスがしばしば「さそりの眼」として表現されているのである。例えば、童話『双子の星』の中では、

その時向うから暴い声の歌が又《また》聞えて参りました。大鳥は見る見る顔色を変えて身体《からだ》を烈しくふるわせました。

みなみのそらの、赤眼のさそり
毒ある鉤《かぎ》と　大きなはさみを
知らない者は　阿呆鳥。

そこで大鳥が怒って云いました。

（第八巻、21–22頁）

と描かれている。さらに詩集『春と修羅』におさめられている「鉱染とネクタイ」という詩にも

蠍の赤眼が南中し
くわがたむしがうなって行って

房や星雲の附属した（以下略）　（第三巻、223頁）

という表現が現れる。後に詳しく述べるが、『シグナルとシグナレス』の冒頭でも

ガタンコガタンコ、シュウフッフッ、
さそりの赤眼が　見えたころ、
四時から今朝も　やって来た。
遠野の盆地は　まっくらで、
つめたい水の　声ばかり。（略）　（第十二巻、141頁）

と、SL（蒸気機関車）がやって来る描写にアンタレスが登場する。最も有名なのは、「星めぐりの歌」であろう。そこには「あかいめだまの　さそり」という表現が真っ先に出てくる。これらは賢治独特のアンタレス観であり、とても不思議なのだが、じつは、先に挙げた書物群の中に、同じ表現を使っている本が一冊だけある。それが吉田の『肉眼に見える星の研究』[10]である。さそり座の表現の中で

……眼玉として赤爛々たるアンタレースが輝くなど実に偶然とは思へない程巧みな星の配置であります

と書かれている（同書、176頁参照）。この事実は、すでに賢治研究の先人である草下英明によって指摘されている。発行年代から考えてみると、上京した賢治が手にした可能性は高い。しかし、そう単純には断定できないところも明らかになっている。前述の中で、「みなみのそらの、赤眼のさそり」という表現が現れる童話『双子の星』は、比較的初期の1918（大正7）年の作品とされている。これは『肉眼に見える星の研究』の出版年である1922（大正11）年よりも4年も前なのである。さらに「星めぐりの歌」も同様、本書の出版前なのである。

たしかに賢治作品には、いくつかの点でこの本の影響が見られることは明らかである。例えば、アルビレオの観測所として『銀河鉄道の夜』に登場するアルビレオという二重星を「トパーズ」と「サファイア」と表現していることなどからも明らかである。賢治研究の第一人者である草下は、吉田の本の賢治作品への強い影響を指摘しており[12]、総合的に見れば、賢治がこの本を手にして星の知識を得ていたことは確実だろう。

賢治は作品をつくり上げてから何度も書き直すことが多く、『銀河鉄道の夜』でも何バージョンもある。したがって1918年の作品についても、吉田の本を読んでから書き直した可能性も決してゼロではない。しかし、最新の天文学の知識を得て、何か新しい要素として書き入れるならまだしも、文学的な表現を、参照文献を元に書き直すのはいささか考えにくい。

アンタレスをさそりの目と表現する点は、どうも賢治オリジナルなのではないかと思える。じつは、賢治が星や月を〝眼〟に例えているのは、さそり座のアンタレスだけではないのである。初期の創作である短歌の中には「西ぞらの黄の一つ目」という表現がある。これは星ではないが、三日月を目に例えている。賢治は明るく見える天体、星や惑星そして月を見ると、にらまれているように感じていたのだろう。

筆者の私事で恐縮だが、中学一年生の頃、天文学に興味を持って、夜な夜な天体望遠鏡で観測のまねごとをしていた。夏休みの深夜、望遠鏡を片づけてもう寝ようと部屋の南向きの窓を開けると、どっしりとした光を放つ木星の光が見えた。窓から見える木星の光に、筆者も自分が見つめられているような気がして、なんだか眠れなくなった覚えがある。観測のまねごとをしているときには、記録をとるのに夢中で、決して生じない感覚だった。自分の存在というものを哲学的に考えはじめる思春期の心理に、星の光が微妙な影響を与えたのだろうか、とも思う。

少なくとも刺すような明るい星の光に視線を感じ、目に例えた表現をしたのは、やはり賢治のオリジナルといってよいだろう。賢治は明るい天体に自分を見つめる視線を感じていたのである。それは決して思春期だけの話ではないかもしれない。もともと過度に他人の視線を気にする繊細な性格である。親と決別する決意で上京して、国柱会の門を叩いた賢治は、半ば門前払いとなるかたちで寒風吹きすさぶ東京の町をさまよい、住まいと仕事を探すことになる。路頭に迷うような境遇となった賢治は、東京の夜空に冷たく輝く星々を見上げたに違いない。そんなとき、自分を見つめているような星たちの「瞳」を感じたのではないか、とも思う。また、何とか東京帝大前の印刷所ではたらきつつ、志どおりに国柱会に出入りするようになった後、しばらくしてから「同じ道を歩もう」と約束をした友である保阪にも、いわば見捨てられたかたちで決別してしまう。ほぼ同時に郷里の妹トシの病気をきっかけに失意のうちに故郷に帰ることになる。さまざまなかたちで賢治を襲った出来事のたびに、星空を見上げていたのではなかろうか。

いずれにしろ、こうした賢治の精神的遍歴を考えると、最も遠くにあって、常に自分の上に輝く星に視線を感じていたのは自然なのかもしれない。『肉眼に見える星の研究』と賢治の作品について、3年にわたって詳細に研究した元・奥羽大学の大沢正善によれば、賢治が星を眼と表現する理由について「一個の星を「眼」と見る傾向が注目されるが、それはまた、当時の賢治の内閉的な孤独感を暗示するのかもしれない」と述べている。[13]

『銀河鉄道の夜』への基礎となる作品群

『銀河鉄道の夜』を書く前に、賢治はさまざまな作品、それも星や星座が登場する作品群を残している。いわば『銀河鉄道の夜』へ向かう基礎となった作品群といえる。ここでは、それらの作品群のいくつかを解説しつつ、『銀河鉄道の夜』へとつながる要素である鉄道と星について背景を学び、賢治作品全体を支える幻想世界の構造について考えていこう。

賢治は失意のうちに帰京した後、稗貫郡立稗貫農学校（花巻農学校）の教師時代に多くの作品を残している。この頃には岩手にもいろいろな書籍が入ってきていて、実際、彼の母校である盛岡高等農林學校の図書室には専門的な書籍も所蔵してあった。賢治は、それらをかなり読み込んでいた形跡がある。もう一つ、時代の大きな変革が彼の作品に影響する。いうまでもないが、鉄道の普及である。『銀河鉄道の夜』の基本構成要素は、鉄道と宇宙である。そして、『銀河鉄道の夜』へとつながる賢治作品にも鉄道がしばしば登場する。自分が生まれ育ったところから、遠くの地へと連れて行ってくれる鉄道は、いつの時代でも憧れの対象になるわけで、実際に賢治が鉄道を作品に取り入れたのは当然かも知れない。賢治が生まれたのは花巻駅が日本鉄道（現・JR東北本線）の駅として開業して間もない頃だったし、岩手軽便鉄道（現・JR釜石線）の駅が、そこから少し離れたところに開業したのは1913（大正2）年、すなわち賢治17歳の頃である。新たな鉄道の敷設は理科少年であった賢治に強い印象を与えていたことは間違いないだろう。

この二つの鉄道は、相互乗り入れはしていなかった。というのも、軽便鉄道の線路の幅は日本鉄道のように現在のJRでおもに用いられている1067ミリメートル幅よりも狭く、車両の乗り入れそのものができなかったからである。この事実は、賢治の作品の中でも星と鉄道が出てくる代表作『シグナルとシグナレス』を読むときのキーポイントとなる。この作品は、教師時代の1923

（大正12）年5月11日～23日までの間、岩手毎日新聞に掲載された短編童話である。タイトルからもわかるように、『月夜のでんしんばしら』に続く、鉄道がメインの物語となっていて、主人公は、現在ではほとんど見られなくなった腕木式信号機である。細長い木（腕木）が、その角度を変えることで、列車の運転士に進行してよいかどうかを示す信号機である。日本鉄道側を意識した「本線の信号機シグナル」と、岩手軽便鉄道を意識した「軽便鉄道の腕木式信号機シグナレス」が、お互いに想いを抱きながら会話する様子が描写されている。シグナレスのほうが女性なのは、軽便鉄道の腕木式信号機が小さかったからであろう。さらに、この作品には星に関する描写が冒頭から登場することは前述した通りである。

ガタンコガタンコ、シュウフッフッ、
さそりの赤眼が　見えたころ、
四時から今朝も　やって来た。
遠野の盆地は　まっくらで、
つめたい水の　声ばかり。（略）　（第十二巻、141頁）

SLがやって来る描写に、さそり座のアンタレスが赤い眼として登場する。さそり座が朝4時頃に見えるのは冬から初春にかけての季節だ。凍てつくという表現も使われているので、まさに寒い季節を想定している。そして、二人の最初の会話から、二つの鉄道の格の差が表現される。本線のシグナルが、シグナレスに声を掛けるシーン、直後にシグナルは、太い電信柱に次のように諭されるのだ。

若さま、いけません。これからはあんなものにやたらに声を、おかけなさらないようにねがいます
(第十二巻、143頁)

規模も小さく、東京ともつながっていない岩手軽便鉄道に対して、あからさまに見下している意図を込めている。このような格差がありながらも会話を重ね、ときにはすれ違いながらも、最終的には格差を乗り越えて、二人が愛を誓い合うという物語である。格差が目立つ当時の社会の中での恋愛を意識してのことなのかも知れない。前半のクライマックス部分では、当時の賢治がどんな本を読んで、天文の知識を得ていたかの貴重なヒントが隠されている。結婚の約束を取り交わすところでの、シグナルとシグナレスとの会話である。

『結婚指環《エンゲーヂリング》をあげますよ、そら、ね、あすこの四つならんだ青い星ね』
『えゝ』

『あのいちばん下の脚もとに小さな環が見えるでしょう、環状星雲《フィッシュマウスネビュラ》ですよ。あの光の環ね、あれを受け取ってください。僕のまごころです』

『ええ。ありがとう、いただきますわ』

（第十二巻、149頁）


天文ファンの中では非常に有名な、こと座のM57環状星雲である（図3）。天体望遠鏡で眺めると見事なリング状なので、それを指輪に見立てて贈るわけだ。ただ、ここでルビとして付されているフィッシュマウスネビュラという言い方はほとんど聞かないからだ。英語でもリングネビュラとはいうのだが、フィッシュマウスネビュラという言い方は、草下も賢治の造語とは思えず、「どうも私は別の書物から得た知識と考える方が妥当だと思っている」と述べている。[12] 賢治はM57だけでなく、「星めぐりの歌」では〝アンドロメダのくもは　さかなのくちのかたち〟として、アンドロメダ大星雲M31にも、この言い方をあてている。第4章で掲げた本の中では、そのような表現をしているものはないのだが、最近の研究では須藤傳次郎《でんじろう》の『星學』[14]にオリオン大星雲M42を魚口星雲と呼ぶとの記述があり、その原典になっているノーマン・ロッキャー（J. Norman Lockyer）の『Elements of Astronomy』にも同様の記述があることがわかってきた。この原書を訳して著された『洛氏天文學』[15]にも、魚口星雲の記述があるが、この本は賢治の母校である盛岡高等農林學校に所蔵されていたこともわかっている。つまり、オリオン大星雲M42を指す記述を賢治が読んで、他の星雲に（誤解してか、作為的かはわからないが）あてたのではないかと考えられる（例えば　http://mononoke.asablo.jp/blog/2010/06/06/5142359）。

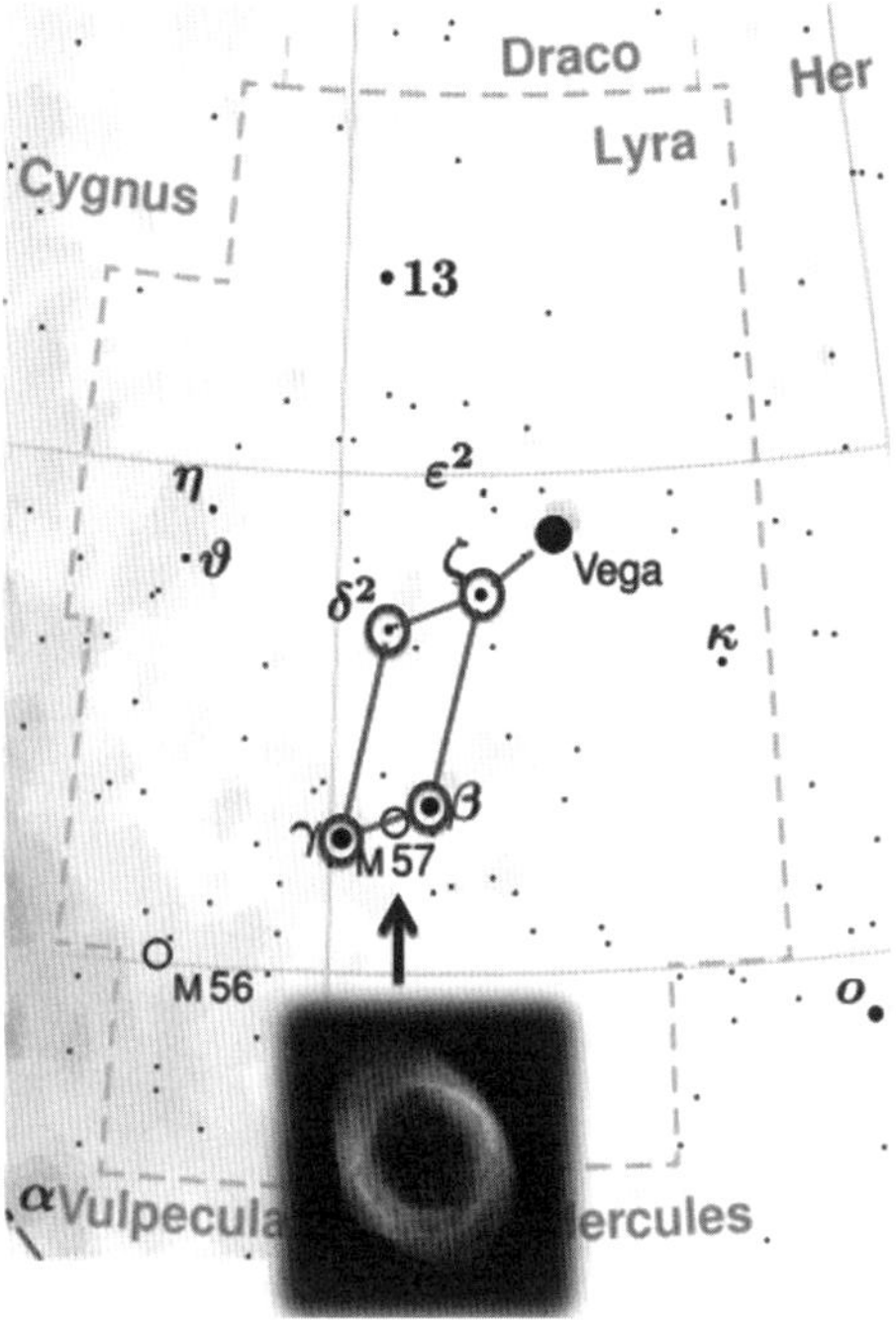

図3　こと座の様子と惑星状星雲 M57.［星図：Torsten Bronger, CC BY-SA 3.0 via Wikimedia Commons, M57：NASA, ESA, and the Hubble Heritage Team（STScI/AURA）］

高次元の幻想世界への飛躍という構造

『シグナルとシグナレス』の後半では、二人の結婚に大反対する電信柱によって辛いときを過ごしながらも想いを宇宙へと馳せ、祈りによって宇宙へ飛び出して行くシーンが登場する。


『ああ、お星さま、遠くの青いお星さま、どうか私どもをとってください。ああなさけぶかいサンタマリヤ、まためぐみふかいジョウジ　スチブンソンさま、どうか私どものかなしい祈りを聞いてください』

『ええ』

『さあいっしょに祈りましょう』

（第十二巻、155頁）


ちなみにスチブンソンというのは、蒸気機関を利用し、実用的な鉄道をつくった「鉄道の父」と呼ばれる英国人の名前である。このあたりが賢治の博識さとユニークさが現れているといえるだろう。最後は、二人の仲を取り持とうとして、電信柱を怒らせてしまった倉庫が、霧に包まれお互いに顔が見えない二人におまじないをかけて、宇宙へ行く夢を叶えさせてあげることになる。

『そうか、ではおれが見えるようにしてやろう。いいか、おれのあとについて二人いっしょにまねをするんだぜ』

『えゝ』

『そうか。ではアルファー』

『アルファー』

『ビーター』『ビーター』

『ガムマー』『ガムマーアー』

『デルター』『デールータァーアアア』

実に不思議です。いつかシグナルとシグナレスとの二人は、まっ黒な夜の中に肩をならべて立っていました。


（第十二巻、157‐158頁）

こうして、宇宙の中で、ピタゴラス派の天球運動の諧音《かいおん》（音の調和）を聞いたり、地球を眺めたりして二人肩を並べるのだ。


『えゝ、たうたう、僕たち二人きりですね』

『まあ、青白い火が燃えてますわ。まあ地面と海も。けど熱くないわ』

『こゝは空ですよ。これは星の中の霧の火ですよ。僕たちのねがいが叶ったんです。あゝ、さんたまりや』

『あゝ』

『地球は遠いですね』

『えゝ』

（第十二巻、159頁）

このおまじないは、じつは天文ファンにとっては、そのエキゾチックな音感に心奪われ、誰しもが一度は声に出して唱えたことがあるはずだ。これは星の名前につけられているバイエル名で、ドイツの天文学者ヨハン・バイエル（1572−1625）が1603年に出版した『ウラノメトリア』の星表で採用したものである。各星座の恒星を明るい順にギリシャ文字のα、β、γ、δとアルファベットをあてはめたものである。おそらく賢治も星の世界に魅惑された天文少年として、はじめて出会ったアルファ、ベータ、ガンマ、デルタと声に出しながら、宇宙への空想を膨らませたことが、この作品からも読み取れる。現代では新型コロナウイルスの変異株の名前に使われ、馴染み深くなっているのはよい気分ではないが。

ところで、『シグナルとシグナレス』では、舞台がある種の現実感を持った幻想世界で話が進み、最後にはさらなる高み、高次元の宇宙という幻想世界に飛翔する構造となっている。そして最後はいわゆる「夢落ち」で、元々設定された現実感のある幻想世界へ戻るところで終わっている。この種の構造は、賢治作品の特長といえる。もちろん『銀河鉄道の夜』でも同様である。学校のシーンではじまり、仲間はずれにされて丘へ登り、そこで眠りに落ちて、高次元の幻想世界である宇宙を行く銀河鉄道の物語へと続く。そして最後にカムパネルラがいなくなったところで、ジョバンニは目を覚まし、一段下の現実感のある幻想世界へと戻って来るのだ。とくに、『シグナルとシグナレス』で登場する鉄道と星、そして幻想世界への飛翔というパターンで、賢治は『銀河鉄道の夜』へと構想を着々と進めていたのだろう。

『銀河鉄道の夜』へとつながる詩

『銀河鉄道の夜』につながる作品は、必ずしも童話だけではない。『シグナルとシグナレス』の発表の一年後、1924（大正13）年4月に自費出版した、彼の代表作の一つである『心象スケッチ 春と修羅』。その最後におさめられているのが「冬と銀河ステーション」という詩である。『銀河鉄道の夜』の最初の原稿が書き上がったのは、同じ年の12月と推定されていることから、銀河を走る鉄道というイメージの具現化された作品として位置づけられる。『春と修羅』初版本では、目次の下に（一九二三、一二、一〇）と記されている。詩をつくった年月日であると考えれば、1923年12月なので、明らかに『銀河鉄道の夜』よりも早い時期である。そして、その冒頭にもバイエル記号を連想させるギリシヤ文字という言葉が出てくる。

そらにはちりのやうに小鳥がとび
かげらふや青いギリシヤ文字は
せはしく野はらの雪に燃えます
（第二巻、428頁）

そして、「あのにぎやかな土沢の冬の市」として、賑やかな冬の夜の市の情景が描かれている。この土沢は実際の地名で、現在の花巻市東和町にあたり、かつては花巻から東に延びていた岩手軽便鉄道の拠点としての駅があった。現在では、JR釜石線となっていて、土沢駅の近くには「冬と銀河ステーション」の詩碑も建てられている。

この冬の銀河軽便鉄道は
幾重のあえかな氷をくぐり
（第二巻、429頁）

実際に賢治も土沢の市を訪れて、その賑やかさを感じたのだろう。次のような表現で、その賑やかさを表している。

パツセン大街道のひのきから
しづくは燃えていちめんに降り
はねあがる青い枝や
紅玉やトパースまたいろいろのスペクトルや
もうまるで市場のやうな盛んな取引です
（第二巻、429頁）

『銀河鉄道の夜』でいえば、ジョバンニが銀河鉄道に乗り込むきっかけになったのが〝ケンタウル祭の夜〟であり、やはり町は賑やかな情景として描かれている。さらに、ジョバンニが乗り込むことになる銀河鉄道の始発駅はこの詩のタイトルにある銀河ステーションである。その意味では、この「冬と銀河ステーション」は、まさに『銀河鉄道の夜』の発想の原型となったに違いない。ところで、『春と修羅』初版本の目次のタイトルは、「冬と銀河鉄道（一九二三、一二、一〇）」となっていて、「冬と銀河ステーション（一九二三、一二、一〇）」ではないのはきわめて面白い（国立天文台ニュース、NO・305、15頁、2018年12月1日）。

いずれにしても、「天文学」が好きな賢治が、幼少期から教師時代にさまざまな書物と出会い、最新の天文学の知識を吸収しながら、それを自らの作品に天「文学」として表現していくこととなり、それが結実したのが『銀河鉄道の夜』だった。

『銀河鉄道の夜』の元になった鉄道

ところで、『シグナルとシグナレス』や「冬と銀河ステーション」に登場する鉄道が、そのまま『銀河鉄道の夜』の鉄道かというと、そうではなさそうである。いくつかの候補があるので、順に見ていくことにしよう。

(1) 岩手軽便《けいべん》鉄道

従来、『銀河鉄道の夜』に出てくる銀河鉄道は岩手軽便鉄道がモデルになっていると考えられている（図4）。岩手軽便鉄道はかつて岩手県の私鉄であったが、いまではJR東日本の釜石線になっている。たしかに『銀河鉄道の夜』にも〝軽便鉄道〟という言葉が出てくる。

ほんたうにジョバンニは、夜の軽便鉄道の、小さな黄いろの電燈のならんだ車室に、窓から外を見ながら座ってゐたのです。（第十巻、141頁）

図4　岩手軽便鉄道．撮影場所はイギリス海岸にほど近いところにあった瀬川鉄橋．［撮影：宮澤信一郎，資料提供：林風舎］

〝夜の軽便鉄道〟という表現をそのまま受け取れば、岩手軽便鉄道がやはり有力なモデルの候補であろう。

さらに、『銀河鉄道の夜』の第三次稿（初期形三）の書き出しの部分にも次の一文が出てくる。

（ぼくはまるで軽便鉄道の機関車だ。ここは勾配だからこんなに速い。ぼくはいまその電燈を通り越す。しゅっしゅっ。そら、こんどはぼくの影法師はコムパスだ。あんなにくるっとまはって、前の方へ来た。）

（第十巻、132頁）

第四次稿では削除されていた文章だが、この文にも〝軽便鉄道〟という言葉が書かれている。

ところがである。次の文章を読んでみよう。

「ぼくはもう、すっかり天の野原に来た。」ジョバンニは云ひました。

「それに、この汽車石炭をたいてゐないねえ。」ジョバンニが左手をつき出して窓から前の方を見ながら云ひました。

「アルコールか電気だらう。」カムパネルラが云ひました。

ごとごとごとごと、その小さなきれいな汽車は、そらのすゝきの風にひるがえる中を、天の川の水や、三角点の青じろい微光の中を、どこまでもどこまでもと、走って行くのでした。

（第十一巻、137頁）


石炭をたいておらず、アルコールか電気で走る、という表現が出てくるのである。ということは、岩手軽便鉄道をそのまま候補と考えることは難しい。何しろ、岩手軽便鉄道はSLだからである。

（2）花巻電鉄

そこで浮かび上がってくるのが、花巻電鉄の電車、通称は花電《はなでん》である（図5）。花巻電鉄は1913年に花巻電気軌道として設立されたが、路線の特許はすぐに花巻電気に譲渡され、1916（大正5）年から電車の営業をスタートした。東北地方で運行された、初の電車となった。その後、いくつかの社名変更があったが、現在は、岩手県交通となっている。賢治の時代は図5に示した、愛らしい電車が走っていた。

　こちらもランクとしては軽便鉄道である。中根子《なかねこ》という駅もあったので、賢治には馴染みの電車だっただろう。この図に示した電車の形式はデハ３型で、別名〝馬面《うまづら》電車〟である。何しろ細身の体型だ。座席は対面式（ロング・シート）だが、座れば前の人の膝に触れそうなぐらいだ。しかし、ここで大事な点は、この車両はまさに電気で走るということだ。このあたりはすでに多くの指摘があるが（例えば文献16参照）、ＮＨＫの「ブラタモリ」などでも紹介されている（「花巻～花巻はなぜ宮沢賢治を生んだ?～」、２０１９年12月７日（土）午後7時30分放送）。

図５　花巻電鉄の電車．形式はデハ３型．［撮影：Longstar, CC BY-SA 3.0 via Wikimedia Commons］

　さらに、賢治の作品に花巻電鉄の電車らしきものが出てくるものがある。『春と修羅』第二集におさめられている「鳥の遷移」という詩である。

鳥がいっぴき葱緑の天をわたって行く
わたくしは二こゑのかくこうを聴く　（第三巻、82頁）

こうはじまる詩だ。葱緑《そうりょく》は鮮やかな黄緑色を意味する。この詩の後半に電車が出てくるので見てみよう。

鳥の形はもう見えず
いまわたくしのいもうとの
墓場の方で啼いている
……その墓森の松のかげから
黄いろな電車がすべってくる　（第三巻、82頁）

岩手軽便鉄道も東北本線の電車の色も黒系である。一方、花巻電鉄の電車は一部黄色になっている。しかも、〝すべってくる〟という表現はＳＬには似合わない。花巻電鉄の電車であれば、電気なので静かに走るだろう。

では、銀河鉄道のモデルは花巻電鉄だけだろうか。賢治の著作を見れば、賢治が岩手軽便鉄道に強い思い入れがあることがわかる。岩手軽便鉄道の名前を冠した二つの詩があるからだ。

〔三六九〕
「岩手軽便鉄道 七月（ジャズ）」 〔一九二五、七、一九、〕 （第三巻、227頁）

〔四〇三〕
「岩手軽便鉄道の一月」 〔一九二六、一、一七、〕 （第三巻、251頁）

岩手軽便鉄道 七月（ジャズ）を見てみよう。

……
まっしぐらに西の野原を奔けおりる
岩手軽便鉄道の
今日の終わりの列車である
……
種山あたり雷の微塵をかがやかし
列車はごうごう走ってゆく
……

（第三巻、227頁）

賢治の岩手軽便鉄道への熱い想いが伝わってくる、勢いを感じるよい詩だ。
「岩手軽便鉄道 七月（ジャズ）」には異形版があるので、そちらも見てみよう。それは「「ジャズ」夏のはなしです」というタイトルの詩である。1926年8月、雑誌『銅鑼』7号に掲載されたものだ。こちらでは次の表現が見られる。

……
まっしぐらに西の野原を奔けおりる
銀河軽便鉄道の
今日の最終列車である
……
（第六巻、237頁）

なんと、岩手軽便鉄道が銀河軽便鉄道に置き換わっているのである。『銀河鉄道の夜』の構想には、岩手軽便鉄道が一役買っていることは間違いないだろう。
動力源でいえば花巻電鉄に軍配が上がるが、SLであった岩手軽便鉄道も『銀河鉄道の夜』の構想にとっては欠かせなかったことは間違いない。

（3）東北本線

ところが、岩手軽便鉄道も花巻電鉄の電車も、そぐわない点がある。それは座席の配置である。この両方とも前述したように、狭軌というレールの幅が狭いために対面式（ロング・シート）となっていたからだ。しかし、『銀河鉄道の夜』を読む限り、そのシートはロング・シートではない。明らかにボックス型のシートであることが読み取れるのである。とすると、岩手軽便鉄道と花巻電鉄は完全なモデルではないことを意味する。

そこで登場するのが『シグナルとシグナレス』で登場したJR東北本線（旧・日本鉄道）である。こちらは、敷設された直後から広軌だったため、車両の幅も広く、ボックス型シートとなっている。寺門もそのことを指摘している（文献11の35-36頁参照）。

> ……とくに大きな影響が見られるのは、樺太旅行の際に乗った東北本線青森行きの夜行列車です。

おそらく、ボックス型シートの由来は東北本線の列車なのだろう。ただ、賢治は北海道でも列車に乗っているはずなので、そちらの可能性もないわけではない。しかし、花巻から上野に向かう東北本線に乗って、賢治は9回も上京しているのだ。当時は花巻から上野まで十数時間もかかる長旅だった。賢治にとって、最も思い出に残っている列車は、憧れの東京に向かう東北本線の列車だったとしてもおかしくはない。この説については、書評家の岡崎武志が『上京する文學―春樹から漱石まで』[17]

で披露している。

（4）ハイブリッド型鉄道

銀河鉄道の内部の座席に関する考察からはボックス型であり、岩手軽便鉄道と花巻電鉄の車両はロング・シートなので、東北本線が有力な候補となる。ただ、銀河鉄道が東北本線だけをモデルにしたとは思えない。〝ジョバンニの切符〟の節に、次の一文があるからだ。

……けれどもその時はもう硝子の呼子は鳴らされ汽車は動きだしと思ふうちに銀いろの霧が川下の方からすうっと流れて来てもうそっちは何も見えなくなりました。……

（第十一巻、166頁）

この文で大事なところは

けれどもその時はもう**硝子の呼子は鳴らされ**汽車は動きだしと思ふうちに銀いろの霧が川下の方か

である。岩手軽便鉄道と東北本線はＳＬであって、鳴らすとなれば汽笛だ。硝子の呼子は鳴らさないだろう（ただし、駅員が列車の発車のときに、ホームで呼子を鳴らす可能性はある）。花巻電鉄を彷彿とさせるのだが、一方で、この文には明確に

> けれどもその時はもう硝子の呼子は鳴らされ汽車は動きだしと思ふうちに銀いろの霧が川下の方か

とある。つまり、電車でもないことになる。

おそらく、銀河鉄道の主たるモチーフとなったのは、鉄橋を走る岩手軽便鉄道だろう（図4）。しかし、それにプラスして、ボックス型シートの東北本線、硝子の呼子を鳴らす電気で走る花巻電鉄が賢治の頭の中にあったということである。『銀河鉄道の夜』の構想を得たとき、賢治の頭の中でこれら三つの鉄道がうまく融合され、高次元幻想空間を走る銀河鉄道の形式が誕生したのではないだろうか。いわば

銀河鉄道＝岩手軽便鉄道、花巻電鉄、そして東北本線のハイブリッド型鉄道

ということであろう。

さて、これで準備は整った。それでは銀河鉄道に乗って、賢治の出した謎について考える旅に出ることにしよう。もちろん、ジョバンニも一緒だ。

参考文献

1　堀尾青史『年譜 宮澤賢治伝』中央公論社（中公文庫）、1991
2　早坂一郎「岩手縣花巻町産化石胡桃に就いて」『地學雑誌』444号、55頁、1926年2月発行
3　須川力「ハレー彗星と宮沢賢治」『宮沢賢治 6』洋々社、114-121頁、1986
4　萱原千恵子『宮沢賢治の青春―〝ただ一人の友〟保阪嘉内をめぐって』角川書店（角川文庫）、1997
5　加倉井厚夫「宮沢賢治のプラネタリウム 連載④ 賢治と嘉内のハレー彗星」『ワルトラワラ』第15号、ワルトラワラの会、120頁、2001
6　宮沢清六「虫と星と」『兄のトランク』筑摩書房（ちくま文庫）、1991
7　小倉伸吉編『誰にも必要な星の圖』現代之科学社、1913
8　小倉伸吉『改訂 星の圖 全』大鐙閣、1913
9　日本天文学会編、三省堂発行の星座早見盤については以下を参照：国立天文台ニュース編集委員会「国立天文台ニュース」NO・305、2018
10　吉田源治郎『肉眼に見える星の研究』警醒社、1922
11　寺門和夫『「銀河鉄道の夜」フィールド・ノート』青土社、2013
12　草下英明『宮沢賢治と星』宮沢賢治研究叢書1、學藝書林、1975
13　大沢正善「宮沢賢治と吉田源治郎『肉眼に見える星の研究』」奥羽大学歯学誌、第16巻、第4号、1989
14　須藤傳次郎『星學』（帝國百科全書第60編）博分館、1900
15　J. Norman Lockyer『Elements of Astronomy』およびその訳書『洛氏天文學』内田正雄・木村一歩訳、文部省、1879
16　家井美千子「『銀河鉄道の夜』の「銀河鉄道」―その動力源はなにか」アルテス リベラレス（岩手大学人文社会科学部紀要）第93号、15-31頁、2014
17　岡崎武志『上京する文學―春樹から漱石まで』筑摩書房（ちくま文庫）、2019

第2章

銀河の発電所

撮影：畑英利，岩手山焼走り登山口

不思議な賢治

宮沢賢治は不思議な人であった。

2018（平成30）年の夏、筆者（谷口）は、はじめて『銀河鉄道の夜』を読んだ。主人公のジョバンニと友人のカムパネルラが銀河鉄道に乗って天の川の中を楽しく旅する物語だと思っていたが、読んでみると違った。とても切ない物語だ。「これが少年小説なのだろうか。」そう思ったほどである。

しかし、気を取り直して再読し、現代天文学の知識を駆使して、『銀河鉄道の夜』で繰り広げられる天の川の世界を解釈してみた。それをまとめたのが『天文学者が解説する宮沢賢治『銀河鉄道の夜』と宇宙の旅』[1]である。この本を書いて筆者が得た結論。それは

「賢治には未来が見えていた」

であった。

これが、冒頭に述べた〝宮沢賢治は不思議な人であった〟の意味である。

『銀河鉄道の夜』は1924（大正13）年に執筆がはじまった（初期形第一次稿：初期形は第三次稿まである）。そして、現在流布している最終稿（第四次稿）は晩年まで改訂が続けられ、未完に終わっている。ざっと100年前の天文学の知識に基づいて書かれているはずなのだが、じつのとこ

ろ現代天文学での知見とうまくマッチしている表現が多々見られるのだ。正直、驚いた。

　では、『銀河鉄道の夜』以外の作品（童話と詩）はどうだろうか。手当たり次第読んでみたが、結論は変わるどころか、揺るぎないものになった。そこで、本章では賢治の先見性を示す証拠の一つである〝銀河の発電所〟について述べることにしたい。

発電所は好きですか

「発電所は好きですか。」もし、こういう質問を受けたら、皆さんはどう答えるだろうか。筆者の場合なら、こう答える。「好きでも嫌いでもありません。」もちろん私たちが生活していくためには、発電所は必須の施設になっていることは理解している。筆者の住んでいる仙台の近郊にもダムはある。しかし、見学に行くことはない。ということで、好きでも嫌いでもないという答えにしておいた。ところが、賢治の場合、〝発電所オタク〟といってもよいように感じる。なぜなら、賢治は作品の中で〝発電〟という言葉を好んで使っているからだ（表2）。

　賢治は１８９６（明治29）年に生まれ、１９３３（昭和8）年に亡くなっている。彼が生きていた時代に存在していた発電所は水力発電所だけである。その第一号は１８９１（明治24）年にできた京都にある蹴上発電所である。一方、火力発電は１９６０年代、原子力発電は１９７０年代に

表2　賢治の作品に出てくる“発電”に関する用語の出現頻度[†1]

用　語	回　数
発電所[†2]	7
海力発電所	2
潮汐発電所	4
銀河の発電所	4
発電室	1
発電所技師	1
合　計	19

[†1]『【新】校本 宮澤賢治全集』［別巻］補遺・索引，索引篇，筑摩書房，2009 に準拠．ここで与えた回数は，本文篇と校異篇の両方での出現頻度を加えたものである．

[†2]「発電処」と，ひらがなの「はつでんしよ」をそれぞれ1回ずつ含む．

入ってからの稼働である。

ところが、不思議なことに、表2には水力発電所は出てこない。出てくるのは海力発電所、潮汐《ちょうせき》発電所、そして銀河の発電所の3種類である。しかし、実際には2種類である。なぜなら、海力発電所と潮汐発電所は同じものと考えてよいからだ。これらは両方とも、童話『グスコーブドリの傳記』（図6）の中に出てくる。この童話は『【新】校本 宮澤賢治全集』の第十二巻に掲載されているが、この巻の校異篇を見てみると、海力→潮汐への変更の跡がある（159頁下段の最後のほう）。これがあるので、二つの発電所を同じものとみなすことにする。

では、『グスコーブドリの傳記』の中で、潮汐発電所が出てくる箇所を見てみよう。

潮汐発電所が全部完成しましたから、火山局では今年からみなさんの沼ばたけや果樹園や蔬菜《そさい》ばたけへ硝酸肥料を　地方ごとに空中から降らせることにいたします。　（第十一巻、63頁）

図6　1941（昭和16）年に出版された『グスコーブドリの傳記』の初版本．仙台市内の古書店で手に入れることができた．

潮汐発電では、潮汐（潮の満ち引き）で上下移動する海水の運動エネルギーを使って発電する。賢治はこの潮汐発電で得た電気を使って、肥料の散布を考えたようだ。

ところが、また不思議なことがある。潮汐発電が最初に実用化されたのは１９６６（昭和41）年11月のことだ。フランスにあるランス潮力発電所である。なぜ、賢治は30年以上も前に潮汐発電所のことを思いついたのだろう。

銀河の発電所

では、いよいよ〝銀河の発電所〟だ。この言葉は『春と修羅』第二集の中にある「岩手軽便鉄道七月（ジャズ）」という心象スケッチの中に出てくる。

> 銀河の発電所や西のちぢれた鉛の雲の鉱山あたり　（第三巻、228頁）

第三巻の校異篇の下書き原稿も含めれば、賢治は〝銀河の発電所〟という言葉を5回用いている。

ふつうの感覚では、銀河が発電すると考える人は少ないと思う。しかし、銀河が何らかのエネルギーを生み出す能力を持っていたように賢治は感じていたのだろう。

もちろん、そこには願望もあったのかも知れない。なぜなら、当時では、十分な電力を賄うことは難しかったからである。停電などは日常茶飯事だっただろうし、悠久なエネルギー源を希求しても不思議ではない時代ではあった。しかし、その担い手として銀河を想定する人は、賢治を除けばいなかっただろう。

さて、もう一つ類似する文章もあるので見ておこう。『詩ノート』一〇五六〔サキノハカといふ黒い花といっしょに」の最後の行に出てくる。

銀河をつかって発電所もつくれ　（第四巻、236頁）

発電所は何らかの方法を用いてエネルギーを取り出す設備である。ここで興味深いのは、銀河を使えといっていることだ。これは何を意味するのだろう。

当時、銀河といえば天の川銀河（銀河系）のことである。銀河の中にあって、エネルギーをつくり出して輝いているのは星である。つまり、星は銀河の中の発電所であることは間違いない。

星がエネルギーをつくり出すメカニズムは熱核融合である。太陽のような主系列星の場合、熱核融合で水素原子核（陽子）をヘリウム原子核に変換しているが、その際に生じるわずかな質量の減少（質量欠損）をガンマ線に換えている。質量はエネルギーと等価である。これはアルベルト・アインシュタイン（1879–1955）の特殊相対論の重要な帰結の一つである（$E = mc^2$で表現される。ここでEはエネルギー、mは質量、cは光速度）。つまり、星はアインシュタイン・エンジンで輝いているともいえる。

では、銀河の発電所は星なのだろうか。たぶん、違う。それが筆者の心象である。なぜなら、当時、星がなぜ輝くか理解されていなかったからである（米国の物理学者、ハンス・ベーテ（1906–

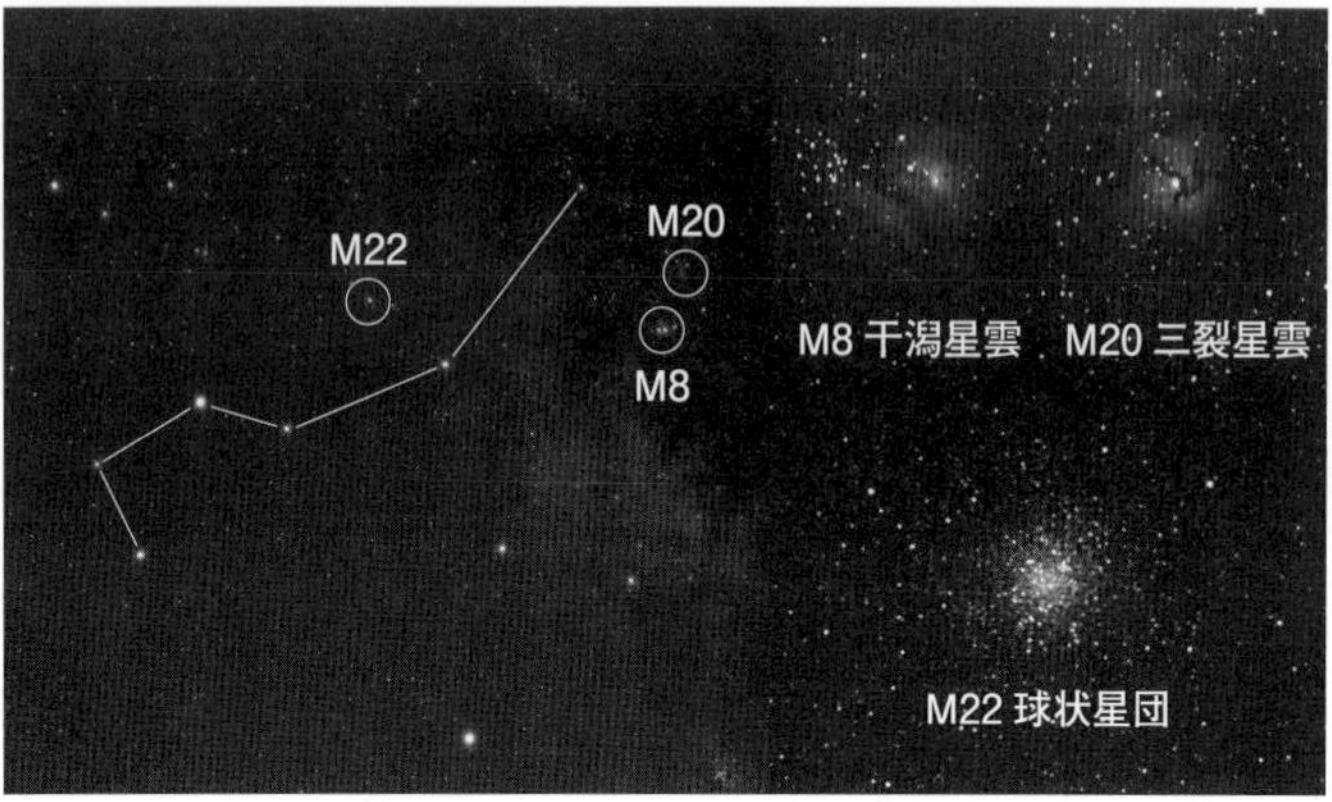

図７　「いて座」の風景.（左）南斗六星と星雲・星団,（右）左図の星雲・星団のクローズアップ.［撮影：畑英利］

2005）が太陽などの星のエネルギー源は熱核融合であることを示したのは１９３９年のこと）。エネルギー源を理解できない星。それを賢治が銀河の発電所に仕立てるとは思えないのだ。

では、賢治は天の川に何を見ていたのだろうか。賢治は星座の中では「さそり座」が一番好きだったようだが、「いて座」にも関心を寄せていた（図７）。

――はるかにめぐりぬ　射手や蠍　（第七巻、67頁）

「いて座」の方向は天の川が一番明るく見える方向である。そのため、「いて座」の方向に天の川の中心があることは、賢治が子どもの頃から知られていた。現在では、その中心には電波源いて座A*（エースター）があることがわかっている。そして、そこには超大質量ブラックホール（質量は太陽

(A) 周辺の星々の運動（星々の軌道運動）

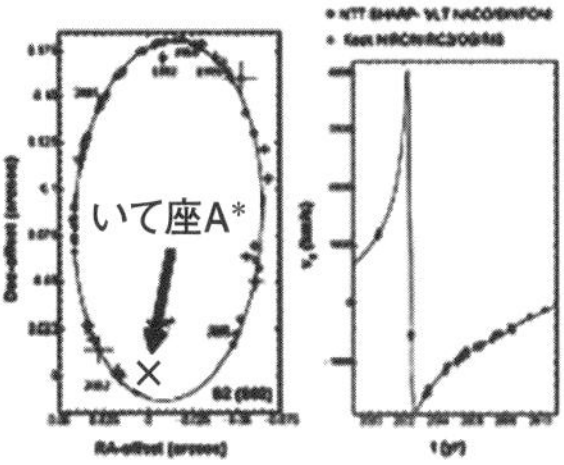

近赤外線で長期間撮像モニター

(B) 周辺のガス雲の運動（リング状のガス雲の回転運動）

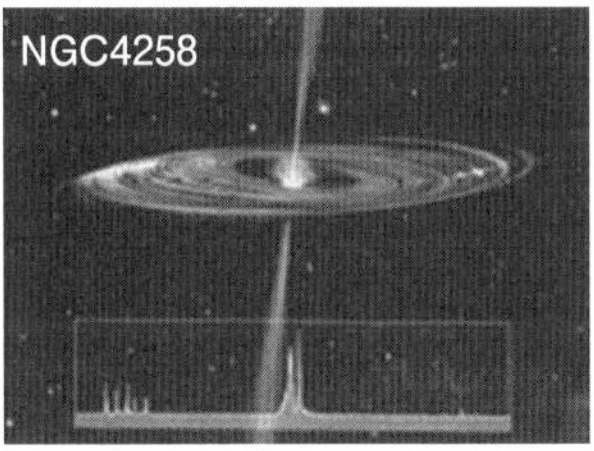

電波で超高空間分解能スペクタル観測

(C) 背景光に浮かび上がるシルエット（ブラックホール・シャドウ）

電波で超高空間分解能撮影観測

図 8 3 種類の超大質量ブラックホールの見つけ方 [2]．(A) 銀河中心核周辺の星の軌道運動を調べる（力学的検出），(B) 銀河中心核周辺のガスの回転運動を調べる（力学的検出），(C) 背景光を使ってシルエットとして見るブラックホール・シャドウ（撮像による検出）．これについては，『月刊 うちゅう』2021 年 3 月号にある田崎文得の記事を参照されたい：ブラックホールを見た日～ EHT プロジェクトの舞台裏～（4-9 頁）．[(A) ©Johan Jarnestad/ The Royal Swedish Academy of Sciences,（B）Nakai, N., et al. Nature 361, 45 (1993), イラスト：加賀谷穣,（C）EHT Collaboration]

質量の約400万倍）があることが観測で確認されている。これは2020（令和2）年ノーベル物理学賞を受賞した研究である（図8（A）参照）。

ここで、また驚くべきことがある。それは、賢治が電波源いて座A*があることを予見していたような詩を1924年の夏に書いていたことだ。賢治の詩、〔温く含んだ南の風が〕を見てみよう。

天の川の見掛けの燃えを原因した
高みの風の一列は
射手のこっちで一つの邪気をそらにはく　（第三巻、92頁）

その後にも面白い表現が出てくる。

うしろではまた天の川の小さな爆発　（第三巻、93頁）

さらに、別の詩だが、「この森を通りぬければ」にも似たような表現を見つけることができる。

夜どほし銀河の南のはじが

白く光って爆発したり　（第三巻、95頁）

天文学で爆発といえば、新星や超新星が思い浮かぶ。賢治の時代でもこれらの現象は知られていた。しかし、星が輝くメカニズムがわかっていなかったので、やはり、銀河の発電所にはそぐわないだろう。ちなみに、質量の重い星がつぶれて中性子星に移行するときに超新星爆発が起こることはフリッツ・ツヴィッキー（1898–1974）が１９３４（昭和９）年に見抜いていたが、賢治の亡くなった翌年のことだった。

さて、賢治は「いて座」に何を見ていたのだろう。さきほど紹介した文章は、あたかも、電波源いて座A*の御本尊である超大質量ブラックホールが暗躍していることを察していたかのようだ。ただし、米国の電波技師、カール・ジャンスキー（1905–1950）が「いて座」の方向に電波源を発見したのは１９３３年のことだ。これが電波天文学の幕開けになった。ところが、１９３３年は賢治の没年でもある。賢治には何か予感のようなものがあったのだろうか。

賢治は友人たちによくいっていたそうである。「すべては直観である。」つまりは、そういうことなのか。そう思うしかない。

結局、賢治の直観では、銀河の発電所は超大質量ブラックホールによる重力発電だったのではないだろうか。ところで、ブラックホールの存在を理論的に預言したのはアインシュタインの一般相対論である。ここでの推察が正しければ、銀河の発電所はもう一つのアインシュタイン・エンジンがエネルギー源ということになるのだ。

賢治は天の川に何を見ていたのか

寝静まった夜の街。眺めれば夜空に浮かぶ天の川。皆さんはその天の川を眺めて銀河の発電所に想いを馳せるだろうか。「あ、静かな世界だなあ。」そう感じるのではないだろうか。じつは筆者もそうだ。しかし、賢治は違う。賢治には天の川が生きているように見えていたようだ。そのあたりの感想を『天文学者が解説する宮沢賢治『銀河鉄道の夜』と宇宙の旅』[1]に書いたので、ここで引用しておこう（267‐270頁）。

> 私たちが夜空を眺めて思うことは、そこは静かな世界であることだ。ところが、賢治の眼には、なぜかダイナミックな天の川が見えていたようだ。何億年というタイムスケールで天の川をみれば、そこでは星が生まれ、またある星は超新星爆発を起こして死んでいく。やはりダイナミックな世界が展開されているのだ。
>
> また、太陽のような星も、じつはダイナミックに変化している。太陽表面ではフレアと呼ばれる

爆発現象が頻繁に起き、時には地球に磁気嵐をも引き起こす。

考えてみれば、地球も常に変化している。地震もあれば台風やハリケーンが吹き荒れることもある。つまり、宇宙にある、あらゆる天体は常に変化しているのである。そして、宇宙自身も膨張し、変化し続けている存在なのだ。

もちろん、人を含む動物や植物も常に変化している。細胞はどんどん死んでいくが、新たな細胞が生まれている。そのため、見かけ上は同じ身体を保っている。しかし、1秒後の私はいまの私ではない。同様に、星や惑星、銀河も明日には少し姿を変えている。しかし、形状としての生物や天体は、死を迎えるまでは極端に変化することはない。生きている間は〝動的平衡〟状態にあるからだ。賢治は彼独特の感性で動的平衡にある天の川に想いを馳せていたのではないだろうか。


「賢治は天の川に動的平衡を見ていた」、これも拙著の結論の一つであった。いまから100年前に、この境地に至れた人がいたとは、やはり驚きである。同時代に特殊相対論と一般相対論を構築して、人類の物理観を塗り替えたあのアインシュタインでさえ、天の川（当時は宇宙全体を意味していた）は静かな世界だと考えていた。宇宙は一様・等方（宇宙原理）であり、しかも時間変化をしない（完全宇宙原理）と考えていたからだ。しかし、賢治はまったく逆のこと、つまり、宇宙は片時も休んでいないと感じていたのである。このことについては「朝日新聞 論座」で解説しておいたので参

図 9　宮沢賢治とアインシュタイン．［JR 釜石線 宮守川橋梁（通称 めがね橋），撮影：畑英利］

照されたい。[3]

『銀河鉄道の夜』を読んだだけではよくわからなかったが、その後、賢治関係の論考をいろいろと読んでいるうちに気がついた。どうも、答えは法華経にあるようなのだ。

科学的な議論の中で宗教の話を持ち込むと眉をひそめる人はいる。科学は唯物論、宗教は唯心論。こういう二項対立が頭に浮かぶからだ。しかし、科学を行うも人、宗教を信じるも人なのである。「神は老獪なり」と語ったアインシュタインは科学者である。つまり、一人の人間の中では、科学と宗教が相互作用しているほうがふつうなのである（科学と宗教の関係に関する優れた解説は以下で読める。『物理学と神』[4]、『宇宙論と神』[5]）。そして、賢治も常に科学と宗教との二つを意識していた（図9）。

さて、法華経（妙法蓮華経）は森羅万象を生み出す根源的なはたらきであり、過去・現在・未来の全体を包む大きな生命力を意味する。[6]つまり、法華経によれば、宇宙は絶え間なく変化している存在であり、自分もその宇宙の一員として変化しているのである。天の川も例外ではない。そのため、賢治から見れば、天の川も生きている存在に見えたのである。賢治はきわめて高いレベルで科学に寄り添いながらも、〝生命体としての宇宙〟との認識に至ったのであろう（文献7の131‐136頁に簡潔な説明がある。また、法華経が賢治に与えた影響については文献8、9が参考になる）。

時空の旅人

さて、本章では賢治の〝銀河の発電所〟について説明したが、用意した答えは〝銀河（天の川）の中心にある超大質量ブラックホールによる重力発電〟であった。賢治の作品に見られる〝「いて座」の爆発〟を積極的に取り入れたアイデアである。しかし、当時、超大質量ブラックホールどころかブラックホールですら観測されていなかった（正確には信じられていなかった）。

ところで、潮汐（海力）発電所にも驚かされたが、ひょっとしたら賢治は津波のパワーを意識していたのかもしれない。直接体験したわけではないが、津波については知っていたはずである。賢治は1896年8月27日生まれだが、その年の6月15日、三陸大津波（明治三陸地震）があった。津波の最大高さは38メートルを超え、流出家屋は約1万戸、死者も2万人を超えた。波の持つパワーが電気になれば。賢治はそう思ったのかもしれない。

じつは、賢治が亡くなった１９３３年には昭和三陸地震も起きている（3月3日）。こちらも甚大な津波被害がもたらされた。偶然ではあるが、賢治は津波とともにこの世に生まれ、津波とともにこの世を去ったのである。

こう書いたところで米国の作家、マーク・トウェイン（1835−1910）のことを思い出した。彼はハレー彗星が回帰した年に生まれ、76年後の回帰の年にこの世を去った。しかも、彼は生前、１９１０（明治43）年のハレー彗星の回帰のときに死ぬだろうと予言しており、その通りになったのである。

皆、時空の狭間で漂っているのだろうか。しょせん、私たちは時空の旅人なのだ。

参考文献

1　谷口義明『天文学者が解説する宮沢賢治『銀河鉄道の夜』と宇宙の旅』光文社（光文社新書）、２０２０

2　谷口義明「ノーベル賞研究に先んじていた野辺山電波天文台の成果」朝日新聞 論座、２０２０年11月6日

3　谷口義明「宮沢賢治の宇宙観はアインシュタインを超えていた」朝日新聞 論座、２０２０年1月14日

4　池内了『物理学と神』講談社（講談社学術文庫）、２０１９

5　池内了『宇宙論と神』集英社（集英社新書）、２０１４

6　大角修訳・解説『全品現代語訳　法華経』ＫＡＤＯＫＡＷＡ（角川ソフィア文庫）、18頁、２０１８

7　海部宣男『宇宙をうたう―天文学者が訪ねる歌びとの世界』中央公論新社（中公新書）、１９９９

8　鎌田東二『宮沢賢治「銀河鉄道の夜」精読』岩波書店（岩波現代文庫）、２００１

9　松岡幹夫『宮沢賢治と法華経―日蓮と親鸞の狭間で』昌平黌出版会、２０１５

第3章

宮沢賢治はなぜカシオペヤ座に三目星を見たのか

撮影：畑英利，長野県木曽町開田中学校

宮沢賢治は「カシオペヤ座」に「三目星」という名称を与えた。しかし、「カシオペヤ座」は主として五つの明るい星からなる星座であり、英語のアルファベットのWの文字に似ていることで有名である。したがって〝三つの目の星〟という表現は不思議であることが従来から指摘されていた。この章では、なぜ賢治が「カシオペヤ座」に「三目星」という名称を与えたのか、さまざまな観点から考えてみる。

ことの発端

賢治を知らない日本人はいないだろう。また、『銀河鉄道の夜』[1]は名作中の名作として名高い。天文学をやっている人間にとっても、関心のあるタイトルである。しかし、著者の一人である谷口は、なぜか読む機会に恵まれなかった。そして、２０１８（平成30）年の夏。ようやく、『銀河鉄道の夜』をはじめて通読する機会を得た。読んでみると、とても面白い。とても１００年前に書かれた童話とは思えなかった。現代の天文学で解釈できる箇所が多数あったことにも驚いた。その感動が『天文学者が解説する宮沢賢治『銀河鉄道の夜』と宇宙の旅』[2]につながったのである。

まさか『銀河鉄道の夜』で一冊の本が書けるとは思ってもいなかった。そもそも、にわか賢治ファンである。そこで、この本を書く準備もあり、賢治に関する本を買い集めていろいろと読んでみた。

『銀河鉄道の夜』のみならず、他の童話や詩、短歌など、さまざまな賢治作品に関する本と巡り合うこととなった。

数多ある本の中に、草下英明の『宮澤賢治と星』[3]があった。[d]もうだいぶ前の本になるので、なかなか見つけられなかったが、幸い仙台市内の古書店で見つけ、買い求めた。さっそく読んでみると、面白い記述を見つけた。

賢治の作品中で天体に言及した言葉のうち、どうしても意味のとれないものが二つある。一つは『夏夜《かや》狂躁』という詩の中で、カシオペヤ座のことを「三日星」と呼んでいること。今一つは童話『銀河鉄道の夜』の最後の方に書かれている「プレシオスの鎖」である。　　（40頁）

天文学者としても気になる問題である。ただし、この文章には注釈が必要である。「夏夜狂躁」という詩であるが、これは『【新】校本 宮澤賢治全集』では『春と修羅』第二集におさめられている〈温く含んだ南の風が〉（詩の番号＝一五五、詠まれた日＝1924年7月5日）に対応する（第

d　初版は1953年で自費出版されたものである。その後、學藝書林の宮澤賢治研究叢書の第一巻として出版された。

三巻、91-94頁)。「三日星」は草下が読んだ十字屋書店版の『宮澤賢治全集』第二版で見たものだが、その後、これは誤植であり、「三目星」であることがわかった。「三日星」の名前を不思議に思った草下は花巻にある宮澤家を訪れ、賢治の弟の宮澤清六とオリジナル原稿を見て確認し、判明したものである。また、「プレシオスの鎖」[e]は『銀河鉄道の夜』の初期形に出てくるもので、現在流布している最終形(第四次稿)には出てこない。

さて、最初の謎の言葉は「三日星」ではなく、「三目星」であることがわかった。しかし、「三目星」も謎だが、「三目星」でも謎は残る。何しろ、対象としている星座はWのかたちに似ている、5個の明るい星からなる星座だからだ。結局、草下も次のように結論せざるを得なかった。

……………

なにか賢治には、カシオペアを三個の星と思い込む理由があって、「三目星」という言葉を創造したものであるかも知れない。或は、囲碁の目数の三目窓との関連もあるのであろうか・・・。残念ながらこんな程度が私に出来る考証の限界である。(43頁)

---

e 「プレシオスの鎖」の謎に関する論考は、岩手大学人文社会科学部宮沢賢治いわて学センターが刊行している『賢治学+』第1輯(2021)に掲載されている。

優秀な科学解説者である草下にとっても、「カシオペヤ座」＝「三目星」の図式を見きわめることは難題であったようだ。

天体写真家として有名な藤井旭も「三目星」は謎であるとしている。[4] 藤井の結論も見ておこう。

…………

『銀河鉄道の夜』に出てくる三角標[f]のように、賢治は三角形に星を結ぶのが「好きだった」のか「クセだったのか」と思いたくなる。（108頁）

こうなるとお手上げという感じにもなってくる。

本章での議論をはじめる前に、とりあえず「カシオペヤ座」の姿を見ておくことにする（図10）。やはり、どう見ても5個の星が目立っている。

星群（アステリズム）としての「カシオペヤ座」

さて、本章での問題は「カシオペヤ座」に何個の星を見るかということである。「カシオペヤ座」

f　賢治は『銀河鉄道の夜』では星のことを三角標と呼んでいる。例えば文献2の140-145頁参照。

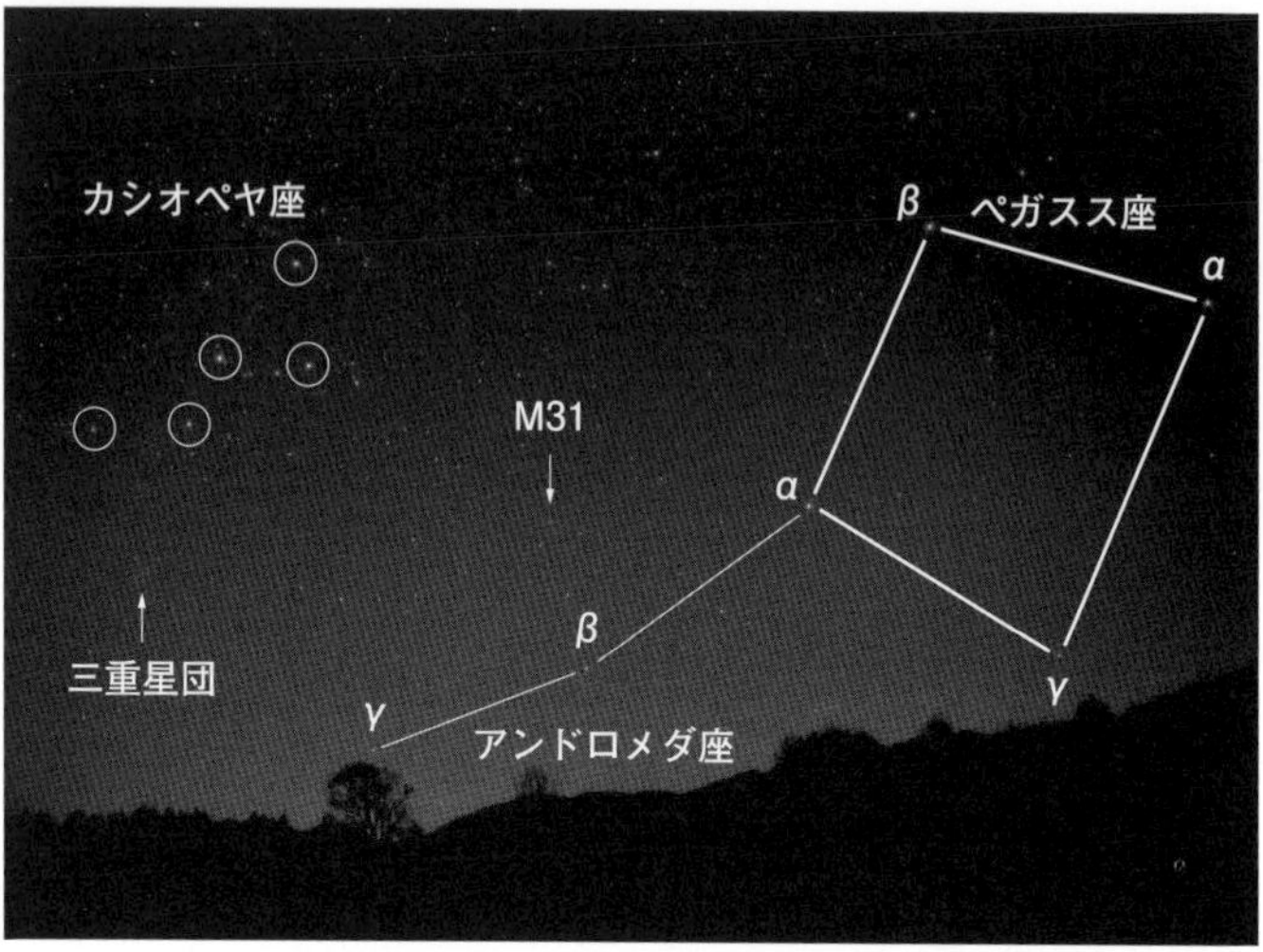

図 10 「カシオペヤ座」,「アンドロメダ座」, そして「ペガスス座」の大四辺形.「カシオペヤ座」は天の川の中にあるので, 星の個数は多めになっている. また, ペルセウス座にある二重星団 (2 個の散開星団が並んでいる : h+χ Per) も W の字の下側に見えている. さらに, アンドロメダ銀河 (M31) も「アンドロメダ座」β星の上側に見えている. [撮影 : 畑英利]

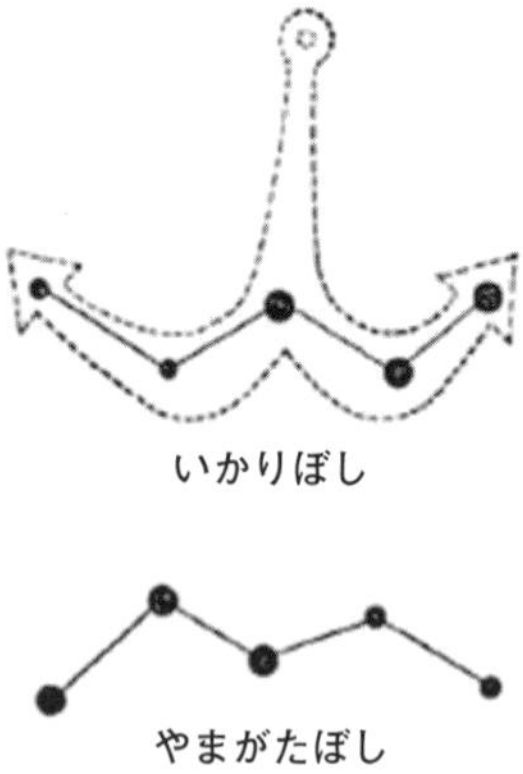

図 11 「カシオペヤ座」の 5 星の和名. 上は「いかりぼし」で下は「やまがたぼし」. [出典 : 文献 6, 7]

は天の川の中にあるので、たくさんの星々が見えるが、実際には、5個の明るい星以外に目立つ星は近くにない。したがって、ふつうに見れば、

「カシオペヤ座」には5個の星がある

ということでよいだろう。

日本国内における伝承を見ても、そのことがわかる。さすがに、「Wのかたち」というのはないが、[g]図11に示すように「いかりぼし」や「やまがたぼし」という名称が残されている。「カシオペヤ座」という星座の名前ではなく、星群（アステリズム）としての名称がつけられている。

また、当然のことながら「五」という数字も使われている。直接的な名前としては「五つ星」や「五寄せ星」がある。また、「五曜」という名称もある。これは北斗七星の「七曜」との対称性の観点から名づけられているものだ。

こうしてみると、やはり「カシオペヤ座」は5個の星という図式が昔から定着していたと考えてよ

g　ただし、兵庫県姫路市界隈ではWのかたちに似ていることから「英文字星」という名称が使われていた。[5]

い。少なくとも、賢治が名づけた3個の星という言い方は、されてこなかったということだ。

賢治における「カシオペヤ座」

星座としての「カシオペヤ座」は歴史的に最も古い「トレミーの48星座」に含まれている。トレミーは英語での呼び名で、正式な名前はクラウディオス・プトレマイオス（83?–168?）である。古代ギリシャの学者だが、天文学のみならず、数学や地理学でも多くの業績を残した人である。トレミーは星表を作成し、それに基づく星座が「トレミーの48星座」として知られている。

カシオペヤの元々の表記はCassiopeiaなので、発音としてはカッシオペイア（あるいはカッシオペイアー）となる。日本での正式名称としてはカシオペヤが日本学術会議によって１９６０（昭和35）年に定められた。しかし、それ以前はカシオペイアが正式だった。

では、賢治の作品の中で、「カシオペヤ座」がどのように取り入れられているか見てみる。『【新】校本 宮澤賢治全集』[1]の索引で調べてみると、表3のようになる（本文篇と校異篇を含めている）。

この表を見ると、やはり賢治の時代には「カシオペヤ座」という呼び方はしていなかったことがわかる。Cassiopeiaの発音を重視した名称であるカッシオペイアが基本になっていたのだ。

カシオペヤの「ペヤ」の部分は「ピーア」、「ピイア」、「ペーア」、そして「ペイア」の4種類が使

表3　賢治の作品に出てくる「カシオペヤ座」に関連する言葉

番　号	カシオペヤの名前	回　数
1	カシオピーア	1
2	カシオピイア	4
3	カシオペーア	8
4	三目星（カシオペーア）	2
5	カシオペイア	2
6	カシオピア座	1
合　計		18

われている。この差は、賢治のそのときの気持ちを反映して使われたものだと思われる。つまり、それほど強く意識しているものではなく、口に出た言葉をそのまま使ったということだ。いずれにしても、賢治の中には「ペヤ」という言い方はなかった。

さて、表3に不思議な表現が出てきた。それが本章で問題にしている、4番目の言葉「三目星」である。図10で見たように、「カシオペヤ座」は五つの明るい星からなる星座である。なぜ、五ではなく、三が出てくるのか。草下も藤井も悩んだ疑問である。

では、「三目星」の使用例を実際に見てみよう。『春と修羅』第二集におさめられている詩、〔温く含んだ南の風が〕（詩の番号＝一五五、詠まれた日＝1924年7月5日[1]）である。それほど長い詩ではないので、ここでは全文を示しておく。

〔温く含んだ南の風が〕

温く含んだ南の風が
かたまりになったり紐になったりして
りうりう夜の稲を吹き
またまっ黒な水路のへりで
はんやくるみの木立にそゝぐ
　……地平線地平線
　灰いろはがねの天末で
　銀河のはじが茫乎とけむる……
熟した藍や糀のにほひ
一きは過ぎる風跡に
蛙の族は声をかぎりにうたひ
ほたるはみだれていちめんとぶ
　……赤眼の蠍
　萱の髪

わづかに澱む風の皿……
螢は消えたりともったり
泥はぶつぶつ醗酵する
……風が蛙をからかって、
そんなにぎゅっぎゅっ云はせるのか
蛙が風をよろこんで、
そんなにぎゅっぎゅっ叫ぶのか……

北の十字のまはりから
三目星《カシペーア》の座のあたり
天はまるでいちめん
青じろい疱瘡にでもかかったやう
天の川はまたぼんやりと爆発する
……ながれるといふそのことが
たゞもう風のこゝろなので
稲を吹いては鳴らすと云ひ
蛙に来ては鳴かすといふ……

天の川の見掛けの燃えを原因した
高みの風の一列は
射手のこっちで一つの邪気をそらにはく
それのみならず蠍座あたり
西蔵魔神の布呂に似た黒い思想があって
南斗のへんに吸ひついて
そこらの星をかくすのだ
けれども悪魔といふやつは、
天や鬼神とおんなじやうに、
どんなに力が強くても、
やっぱり流転のものだから
やっぱりあんなに
やっぱりあんなに
どんどん風に溶される
星はもうそのやさしい面影《アントリッツ》を恢復し
そらはふたゝび古代意慾の曼陀羅になる

……蛍は青くすきとほり
稲はざわざわ葉擦れする……
うしろではまた天の川の小さな爆発
たちまち百のちぎれた雲が
星のまばらな西寄りで
難陀竜家の家紋を織り
天をよそほふ鬼の族は
ふたゝび蠍の大火をおかす
……蛙の族はまた軋り
大梵天ははるかにわらふ……
奇怪な印を挙げながら
ほたるの二疋がもつれてのぼり
まっ赤な星もながれれば
水の中には末那の花
あゝあたたかな憂陀那の群が
南から幡になったり幕になったりして

くるみの枝をざわだたせ
またわれわれの耳もとで
銅鑼や銅角になって砕ければ
古生銀河の南のはじは
こんどは白い湯気を噴く
(風ぐらを増す
風ぐらを増す)
そうらこんどは
射手から一つ光照弾が投下され
風にあらびるやなぎのなかを
淫蕩に青くまた冴え冴えと
蛍の群がとびめぐる
(第三巻、91–94頁)

この詩の前半のほうに「三目星」が出てくる。

北の十字のまはりから

三目星《カシオペーア》の座のあたり
天はまるでいちめん
青じろい疱瘡にでもかかったやう
天の川はまたぼんやりと爆発する

そして、賢治の原稿には、この「三目星」に「カシオペーア」の振り仮名が振られていたのである。[h] したがって、「カシオペヤ座」のことを指しているとしか思えない。

「三目星」の読み方

筆者は長いこと天文学に携わってきているが、「カシオペヤ座」のことを三目星と呼ぶのを聞いたことがない。

ところで、「三目星」はなんと読めばよいのだろうか。「オリオン座」には「三つ星」と呼ばれる星

h　賢治のオリジナル原稿では、カシオペーアではなく、アシオペーアになっているが、これは賢治の書き損じと考えてよいだろう。

群がある。これは明らかに「みつぼし」と読む。これを踏襲すると、「みつめぼし」でもよさそうに思う。

しかし、もう一つ可能性がある。それは音読みの場合であり、「さんもくせい」である。どうも後者である可能性が高い。それは詩〔温く含んだ南の風が〕について、第三巻の校異篇[1]にある記述でわかる。

> 三目星の座のあたり

の部分には以下のような書き換えの形跡が残っているのだ（219頁）。

> 魔渇大魚↓①カシオペーア天主三目↓②三目天主の↓③三目星

いきなり「魔渇大魚《まかつたいぎょ》」という不思議な言葉が出てくるが、おそらくこれは「摩竭魚《まかつぎょ》」のことだと思われる。インドの神話に出てくるマカラと呼ばれる空想上の巨大魚のことだ。ちなみにマカラはサンスクリット語である。賢治は「カシオペヤ座」に大きな魚をイメージしたのだろうか。

次の「天主三目《てんしゅさんもく》」だが、仏教やキリスト教における神のことを意味する。仏教における帝釈天や毘沙門天、あるいはバラモン教やヒンズー教における神であるインドラに相当する。いずれにしても、神は三つの目を持っていることを意味している。キリスト教では三位一体[i]に該当する。

賢治の書き換えは、その後で三目天主になり、最終的には三目星に落ち着いたことになる。そして、この三目星にアシオペーアの振り仮名があるのだ（脚注h参照）。いずれにしても、三目星は「みつめぼし」ではなく、「さんもくせい」と読むことになる。

こうしてみると、賢治にとって「カシオペヤ座」の三目星はかなり重要視されていたことがわかる。理由は不明だが、「カシオペヤ座」のことを、これほど神々しいものとして見ていた人は、賢治以外にはいなかっただろう。

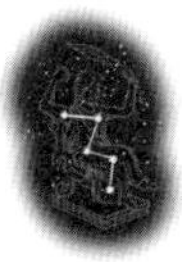

「カシオペヤ座」の5個の星

「カシオペヤ座」は、賢治の目には5個というよりは、3個の星が目立っている星座として映っていたのだろうか。その点を確認しておこう。

まず、図10に示したように「カシオペヤ座」には5個の明るい星がWのかたちに並んでいる。右か

i　三位一体は父なる神、神の子、そして精霊の三つが一体となり、唯一の神であるとする考え方。

表4　「カシオペヤ座」の5個の明るい星の性質

星	等級	距離（光年）	半径（$R_{太陽}$）	質量（$M_{太陽}$）	光度（$L_{太陽}$）	表面温度（K）	スペクトル型
α星	2.23	228	42.1	4〜5	855	4520	K0 IIIa
β星	2.27[†1]	54.7	4	2	27	7079	F2 III
γ星	2.39[†2]	550	10	15	34000	25000	B0.5 IV
δ星	2.68[†3]	99.4	4	2.5	63	8400	A5 IV
ε星	3.37[†4]	460	-	9.2	-	15174	B3 V

[†1] 変光星：2.25〜2.31等の間で変化.
[†2] 変光星：1.5〜3.0等の間で変化.
[†3] 変光星：食変光星.
[†4] 変光星：3.35〜3.38等の間で変化.

ら順番にβ星、α星、γ星、δ星、そしてε星である。これら5個の明るい星の性質をまとめると、表4のようになる。たしかに、α星、β星、そしてγ星の3個の星は2・5等より明るいので、2等星だが、δ星とε星は3等星である。

しかし、実際に「カシオペヤ座」の方向を眺めてみると、5個の明るい星以外に目立つ星は近くにない。したがって、ふつうに眺めれば5個の星々がかたちづくる星座として「カシオペヤ座」を認めることができる。5個の星のうち、2個が3等星でも、とくに気になることはないだろう。

しかし、賢治の目には、そうは映らなかったということだ。2等星の3個だけが目立ち、三角形を成しているように見えたのだろう（図12）。藤井もこの可能性を指摘している。[4] 実際に、明るい3個の星、α星、β星、そしてγ星だけに着目すれば、正三角形のかたちをしている。

三つの目

さて、図12に示した3個の星の並び方は、正三角形に近い。このかたちに意味があるのだろうか。「三目星」を「三つの目」とすれば、じつは理解可能なことがある。それは、日本の妖怪「三つ目小僧」である（図13）。この妖怪には、二つの目の他に、額の真ん中にもう一つの目があり、合計3個の目がある。そして、三つの目の配置はほぼ正三角形になっているのだ。したがって、図12に示した配置と合致する。

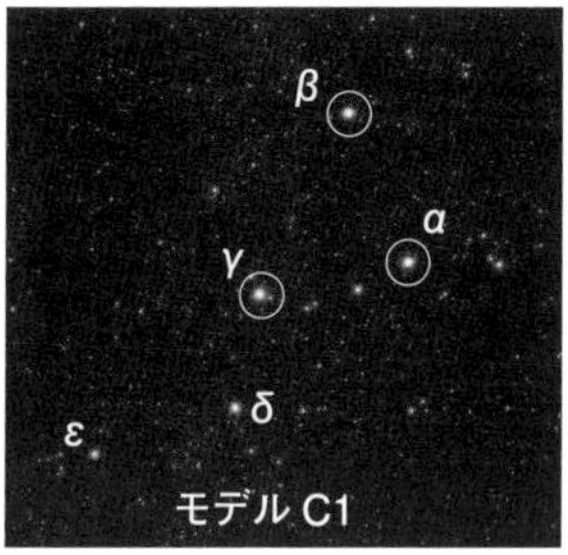

図12　賢治の認識した「カシオペヤ座」の三目星．丸印で示した，α星，β星，そしてγ星がほぼ正三角形をかたちづくっているように見える．[撮影:畑英利]

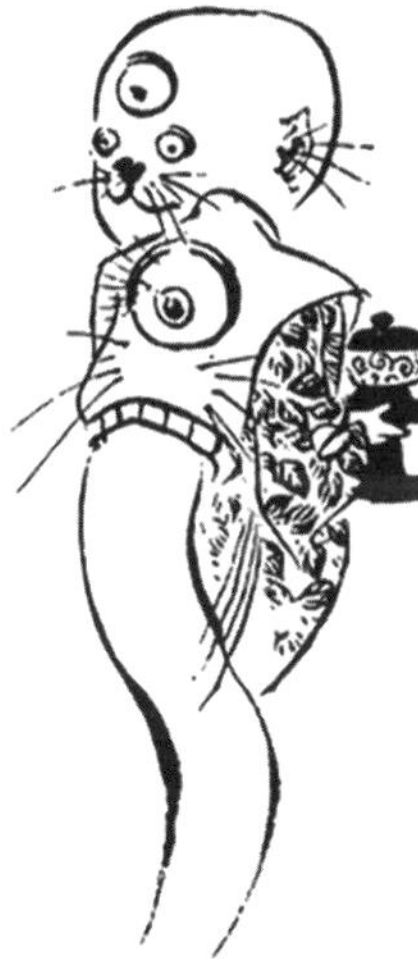

図13　日本の妖怪「三つ目小僧」．[尾形月耕画『月耕漫画』より「三つ目小僧」]

「三つ目小僧」は江戸時代の妖怪だが、小説家の中勘助《なかかんすけ》（1885－1965）が書いた小説『銀の匙』[8]にも出てくる。[j] この小説が執筆されはじめたのは1912（明治45）年のことだが、岩波書店から1921（大正10）年に出版された（那珂勘助［当時はこのペンネームを用いていた］の名で出版）。賢治も読んだ可能性はあるだろう。いつの時代も、子どもは妖怪の類が好きなものである。賢治も「三つ目小僧」のことを知っていた可能性は高い。[k] ただし、「さんもく」ではなく「みつめ」になるが。

「カシオペヤ座」の三つ星

本章のメインテーマは「カシオペヤ座」＝「三目星」の謎を解くことであるが、とりあえず可能性のある解釈として、「カシオペヤ座」の明るい3個の星（α星、β星、およびγ星）がかたちづくる正三角形が出てきた（図12）。

j 「三つ目小僧」という言葉は64頁と65頁に出てくるが、子どもたちにとっては恐ろしい妖怪であったようだ。

k ただ、筆者の世代だと、漫画家である手塚治虫（1928－1989）による少年漫画『三つ目がとおる』（1974－1978）のほうに馴染みがある。

ところが、これは必ずしもユニークな解ではない。賢治の作品の中には、三つ並んだ星としての「カシオペヤ座」も出てくるからだ。つまり、「三つ星」である。その表現を見ておくことにしよう。二つの例がある。最初は短編童話「水仙月《すいせんづき》の四日《よっか》」に出てくる。[1]

「カシオピイア、
もう水仙が咲き出すぞ
おまへのガラスの水車《みづぐるま》
きつきとまはせ。」
（第十二巻、47頁）

まず、ここで「カシオペヤ座」が出てくるのだが、その後で雪童子《ゆきわらす》らの会話に「三つ星」という表現がある。

「まあいゝだらう。ぼくね、どうしてもわからない。あいつはカシオペーアの三つ星だらう。みんな青い火なんだらう。それなのに、どうして火がよく燃えれば、雪をよこすんだらう。」
（第十二巻、53頁）

ここでは、「三目星」ではなく、紛れもなく「三つ星」なのだ。

もう一つの例は童話「ポランの広場」に出てくる。[1]

> あの大きな星の三つならんだカシオペーアも青白い光の頸骨を長く伸ばした大熊星もみんなはっきり見えました。（第十巻、225頁）

ここでは、大きな星が三つ並んでいると書かれている。大熊座も出てくるので、カシオペーアは間違いなく「カシオペヤ座」のことである。

三目星と三つ星

「三目星」と「三つ星」は名称としては似ているが、両者にはどのような差があるか、考えておこう。

「三つ星」といえば、すぐに思い浮かぶのは「オリオン座」にある三つ星である。勇者オリオンのベルトの位置に並ぶ、三つの星のことだ。また、その南側にはやや暗いが、やはり三つの星が並んでおり、こちらは小ぶりな三つ星ということで「小三つ星」と呼ばれている（図14）。

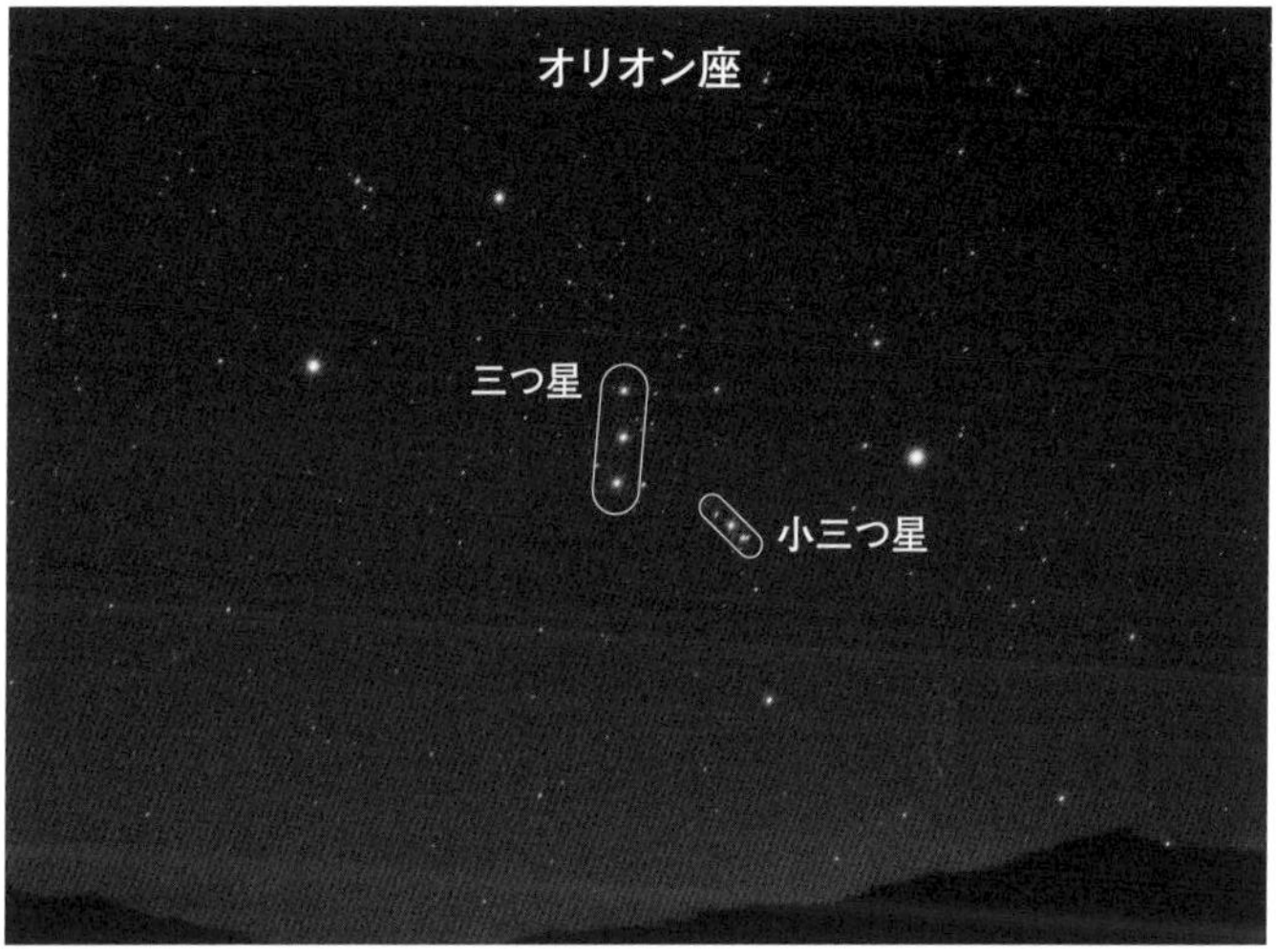

図 14　オリオン座に見える「三つ星」と「小三つ星」．いずれも 3 個の星が直線状に並んでいる．［撮影：畑英利］

これらの例を見てわかるように、「三つ星」の場合は、似たような明るさの星が3個、ほぼ等間隔で並んでいることが名称の由来になっている。実際のところ、「ふたご座」のα星（カストル：1・58等星）とβ星（ポルックス：1・14等星）はいずれも明るい星だが、これらは「二つ星」と呼ばれることがある。

この論理に従うと、「カシオペヤ座」に「三つ星」を見る場合、図15のような配置でないといけない。ほぼ等間隔で3個の星ということで、今度は、β星、γ星、そしてε星が選ばれることになる。しかし、賢治はなぜ5個の星の中で最も暗い、3等星であるε星を選んでまで、「三つ星」としたのだろうか。ここは疑問が残るところだ。

「カシオペヤ座」の新たな三つ星

では、これで「カシオペヤ座」の三つの星（三目星：図12と三つ星：図15）は出尽くしたのだろうか。じつは、もう一つ可能性が残っているのだ。

ここで、もう一度、短編童話「水仙月の四日」に戻ろう。問題は雪童子らの会話にある。[1]

「よあいゝだらう。ぼくね、どうしてもわからない。あいつはカシオペーアの三つ星だらう。みんな青い火なんだらう。それなのに、どうして火がよく燃えれば、雪をよこすんだらう。」

（第十二巻、53頁）

注意すべきは次の文章である。

「よあいゝだらう。ぼくね、どうしてもわからない。あいつはカシオペーアの三つ星だらう。みんな青い火なんだらう。それなのに、どうして火がよく燃えれば、雪をよこすんだらう。」

つまり、3個の星の色は、すべて青いということである。表4を見るとわかるように、青い星はγ星、δ星、そしてε星だけである。α星はK型で赤い。β星はF型なのでやや青いが、γ星、δ星、そしてε星はB型とA型なので、明らかにこれら3個の星のほうが青いことはたしかである。賢治は非常に目がよく、星の色にも敏感な人だった。したがって、雪童子の言葉を信じると、γ星、δ星、そしてε星の3個の星が候補として残るのだ（図16）。ただし、これは並んだ三つ星ではなく、三角形のかたちを成している。

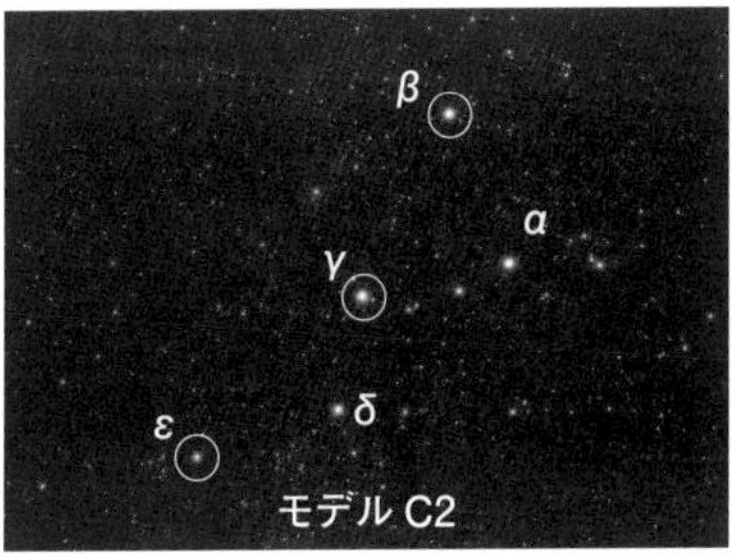

図 15　「カシオペヤ座」の中に「三つ星」を認定する場合，β星，γ星，そしてε星が選ばれることになる．［撮影：畑英利］

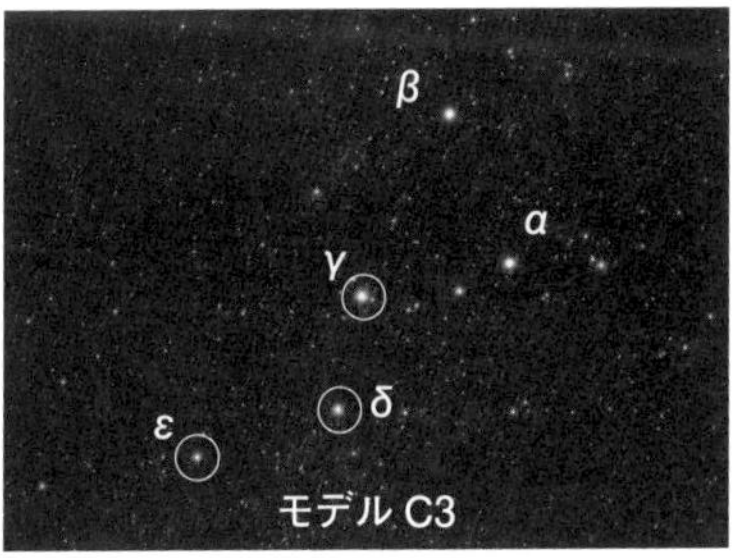

図 16　「カシオペヤ座」の青い三つの星，γ星，δ星，そしてε星のかたちづくる三角形．［撮影：畑英利］

「さそり座」の可能性はあるのか

「カシオペヤ座」の「三目星」の解釈を続けてきたが、最後に「さそり座」の可能性について述べておく。その理由は冒頭で紹介した草下の論考にある。草下は花巻の宮澤家で賢治のオリジナル原稿を見ている。草下が見た「夏夜狂躁」という詩（〈温く含んだ南の風が〉）には「三目星」の箇所には「摩蝎大魚」という走り書きが鉛筆で残されていたという。草下によれば、これは磨羯宮《まかつぐう》のことで、「やぎ座」を表すとされている。[1] 草下は「羯」が「蝎」になっていることから、賢治は「さそり座」のことを表現しようとしたのではないかと推察している。[3]

たしかに、〈温く含んだ南の風が〉を読み直してみると、以下の記述になっている。

北の十字のまはりから
三目星《カシオペーア》の座のあたり
天はまるでいちめん

1　摩竭宮とも記される。

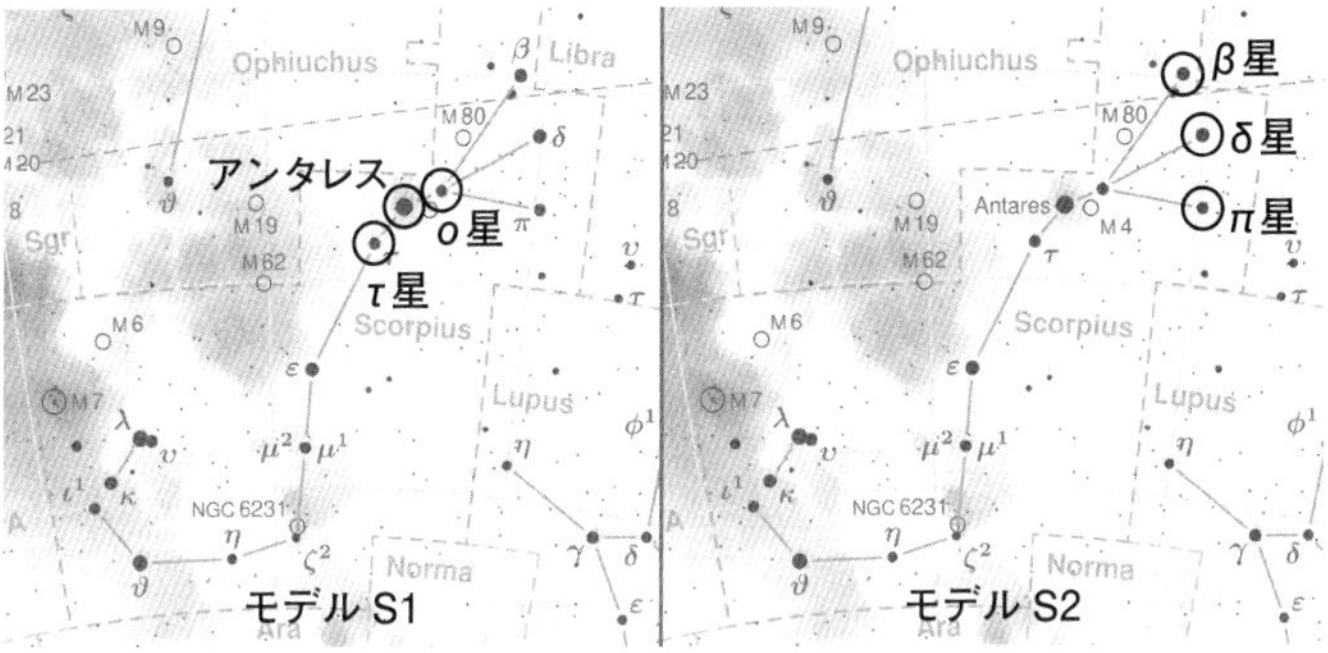

図 17 「さそり座」にある三目星の二つの候補：(左) モデル S1, (右) モデル S2. モデルの名称については表 6 参照. [Torsten Bronger, CC BY-SA 3.0 via Wikimedia Commons]

青じろい疱瘡にでもかかったやう
天の川はまたぼんやりと爆発する

天の川の星々がたくさん見えるのは、北十字の「はくちょう座」を起点とすれば、「カシオペヤ座」に行くよりは、南の「いて座」や「さそり座」に目を移すほうが理に適っている。賢治の走り書きである「摩蝎大魚」にある「蝎」の文字にこだわれば、「三目星」は「さそり座」にあってもおかしくはない。[m]

では、「さそり座」の中にある三つの星の候補はどうなるだろう。可能性は二つ。一つはα星であるアンタレスを含む三つの星（図17左）。そして、もう一つは蝎の目の付

m ただし、『【新】校本 宮澤賢治全集』の第三巻、校異篇、212頁には「魔渇大魚」と記されている。草下の見た「蝎」ではなく「渇」である。オリジナル原稿の確認が必要であろう。

近にある三つの星である（図17右）。

〔温く含んだ南の風が〕に出てくる「三目星」に「カシオペーア」の振り仮名があるので（脚注h参照）、そのまま受け止めれば「三目星」は「カシオペヤ座」にあると考えるほうが自然であろう。しかし、草下が発見した「蝎」の字がある。また、「さそり座」の方向は、たしかに天の川が華やかに見える（図18）。実際、賢治は「さそり座」が大好きで、作品の中で60回以上も登場させている。他の星座の登場回数が10回程度であることを考えると、「さそり座」への入れ込みは相当なものである。そして、「さそり座」のα星、アンタレスの赤い色がお気に入りだった（図18）。このようなこともあり、本項では「さそり座」の可能性を残しておくことにした次第である。

なぜ「五」ではなく「三」なのか

賢治はなぜ「カシオペヤ座」に「五」ではなく「三」を見たのか。ここまで考えを進めてきたが、やはり不思議である。「カシオペヤ座」を見ると、自然に5個の明るい星が目に入るので、やや明るい三つの星にこだわらず、「五目星」とするほうがふつうだろう。

ここで思い出すのは、天主三目という言葉である。ひょっとしたら、賢治は宗教的な見地から「三目星」を夜空に設定したのかも知れない。

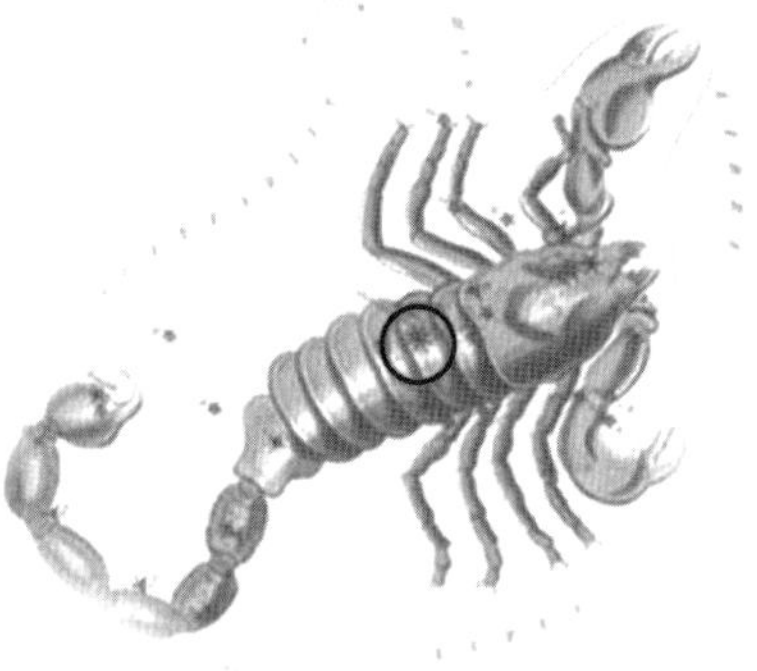

図 18　（上）「さそり座」のモチーフ画．1825 年，ロンドンで出版された星座カードの 1 枚．（下）「さそり座」．暗黒星雲の入り乱れる天の川の姿が印象的である．［（下）撮影：畑英利，撮影地：長野県木曽町開田高原］

「カシオペヤ座」の「三目星」の配置の一つは正三角形であったが（図12）、夜空に三角形を見るのはそれほど難しいことではない。そもそも「夏の大三角」もあれば「冬の大三角」もある。また、星座にも「さんかく座」と「みなみのさんかく座」がある。「みなみのさんかく座」は南天の星座なので、日本からは見えないが、「さんかく座」であれば、「アンドロメダ座」の近くにあり、花巻からも見られる。ただし、三つの星の明るさは揃っておらず、かたちも正三角形ではない。

その意味では、「カシオペヤ座」の正三角形のほうが、目につきやすいことはたしかである。しかも、花巻では「カシオペヤ座」は周極星なので、どの季節でも見ることができる。つまり、「カシオペヤ座」に「三目星」を設定すると、いつでも天主三目を拝めることになるのだ。

三角への執着

最後に、少し視点を変えて考えてみよう。「三目星」の「三」を見て思い出すのは「三角標」という言葉である。賢治が『銀河鉄道の夜』で星のことを三角標と表現したことはよく知られている。もしかすると、賢治は三角形を好んでいた可能性もある。そこで、『【新】校本 宮澤賢治全集』[1]の索引で賢治の作品における三角、あるいは三角のつく言葉の使用回数を調べてみた（表5）。すると、72回という数字が出てきた。三角標は『銀河鉄道の夜』の初期形から後期形で使われているので、重

表5　賢治の作品における三角，あるいは三角のつく言葉の使用回数

番　号	三角、あるいは三角のつく言葉	回　数
1	三　角	17
2	三角形	1
3	三角標	34
4	三角山	9
5	三角旗	3
6	それ以外の三角がつく言葉 †1	8
合　計		72

†1　三角州（1回），三角点（2回），三角島（1回），三角ばたけ（1回），三角帽子（2回），三角マント（1回）．

複してカウントされている。それでも、数十回の使用回数があるので、かなり多いといってもよいだろう。

では、五角はどうだろう。こちらも同様に調べてみると、なんと1回しかない。「五角の庭」という言葉で用いられているだけである。「北守将軍と三人兄弟の医者」（初期形）の中にあるが、なんと最終的には「四角の庭」に変更されている（第十一巻、校異篇、26頁）[1]。つまり、形式的には、五角という言葉は賢治の作品の中では一度も使われていないのだ。三角との差は歴然である。

結語

以上の考察をまとめてみると、「三目星」の候補は表6のようになる。

こうして表6を眺めてみると、一つの結論を導くことができそうである。

表6 「三目星」の候補

星　座	モデル	構成する星	図	特　徴
カシオペヤ座	C1	α星, β星, γ星	図13	正三角形, 二等星
カシオペヤ座	C2	β星, γ星, ε星	図16	三つ星
カシオペヤ座	C3	γ星, δ星, ε星	図18	三角形, 青い星のみ, 三等星あり
さそり座	S1	σ星, α星, τ星	図18左	三つ星, アンタレスを含む
さそり座	S2	β星, δ星, π星	図18右	三つ星, さそりの目の位置

・賢治は三角形が好きだった
・天主三目という言葉から、宗教的にも三目を尊重していた

これら二つの要素が相まっていたとすれば、最良の候補は「カシオペヤ座」の中にあって、目立つ正三角形の「三目星」だろう。つまり、モデルC1である。

「カシオペヤ座」が本質的に重要であれば、まだ二つの候補がある。モデルC2とC3である。三角形にこだわるか、三つ星（等間隔で並んだ三つの星）でよいかの判断になる。色に敏感な賢治が「青い」といったことに重きをおけば、モデルC3のほうが優位に立つ。そこで、「カシオペヤ座」の場合は

C1 ＞ C3 ＞ C2

という順になる。

では、「さそり座」のほうはどうだろう。三目星にカシオペーアと振り仮名を振っているのだから、あえて「さそり座」のこと

表7　三目星の候補に対する順位づけ

順位	モデル	説　明
1	C1	「カシオペヤ座」の三目星．三つの明るい星がかたちづくる正三角形の配列．
2	C3	「カシオペヤ座」の五つの星のうち，暗い三つの星．かたちは歪な三角形．星の色はすべて青い．
3	C2	「カシオペヤ座」に見出せる三つ星．等間隔で並んだ三つの星．
4	S1	「さそり座」のアンタレスを含む三つ星．賢治はアンタレスをさそりの目だとしていた．
5	S2	「さそり座」のもう一つの三つ星．さそりの目に相当する星が含まれている．

を考える必要はないのかもしれない。しかし、注意は必要である。賢治は遊び心のある人だったからだ。例えば、『銀河鉄道の夜』でも、「ハレルヤ」を「ハルレヤ」と書いている。しかも、最初に書いてあった「ハレルヤ」を消して、「ハルレヤ」に書き直しているのである。つまり、確信犯だ。

たしかに、三目星にはカシオペーアと振り仮名がある。しかし、脚注hに示したように、じつは振り仮名はアシオペーアになっている。果たして、こんな書き損じをするものだろうか。アシオペーアの最初の文字は「ア」だが、これはアンタレスの「ア」である。賢治は「さそり座」のα星であるアンタレスが大好きだった。それは、賢治の「星めぐりの歌」を読めばわかる。[1]

あかいめだまのさそり　（第六巻、329頁）

もし、アンタレスをさそりの目として優遇するのであれば、モデルS1が優位に立つだろう。一方、さそりの目が該当するのはモデルS2の三つ星のほうである。どちらを選ぶかだ。ここは、アンタレス好きの賢治のことを思い、

S1 ∨ S2

の順にしてはどうだろうか。ただし、「カシオペヤ座」における候補よりは、下位にランクせざるを得ないだろう。

以上をまとめると、三目星の候補の最終順位は表7のようになる。問題は、賢治がこの表を見て、どういう感想を述べるかだ。

じつは、ことは簡単ではない。「カシオペヤ座」には五つの明るい星がある。この五つの星から3個を選ぶ方法は $_5C_3$ 通りあり、答えは5×4×3／(3×2×1)＝10通りあるのだ。皆さんには、「カシオペヤ座」を眺めて、これら10通りの選び方を考えてみて欲しい。可能性の高い三つのケースについては、本章で紹介したが（図12、図15および図16）、まだまだあるということだ。

それにしても賢治の残してくれた謎は奥が深い。「三目星」は優れた科学解説者として名高かった草下でも匙を投げたほどの謎である。私たちができることは、賢治の残してくれた謎を、自由に楽しんで考えることだけだろうか。そうすると、解答は考えた人の数だけあることになる。そういう私たちを見て、賢治は微笑んでいるに違いない。

参考文献

1　『【新】校本 宮澤賢治全集』第十一巻、童話［Ⅳ］、本文篇、筑摩書房、1996
2　谷口義明『天文学者が解説する宮沢賢治『銀河鉄道の夜』と宇宙の旅』光文社（光文社新書）、2020
3　草下英明『宮澤賢治と星』宮澤賢治研究叢書1、學藝書林、1975
4　藤井旭『賢治の見た星空』作品社、2001
5　北尾浩一『日本の星名事典』原書房、381頁、2018
6　野尻抱影『日本星名辞典』東京堂出版、97頁、1973
7　野尻抱影『日本の星―星の方言集』中央公論新社（中公文庫）、158-161頁、2018
8　中勘助『銀の匙』岩波書店（岩波文庫）、1999

第4章

玲瓏レンズと水素のりんご

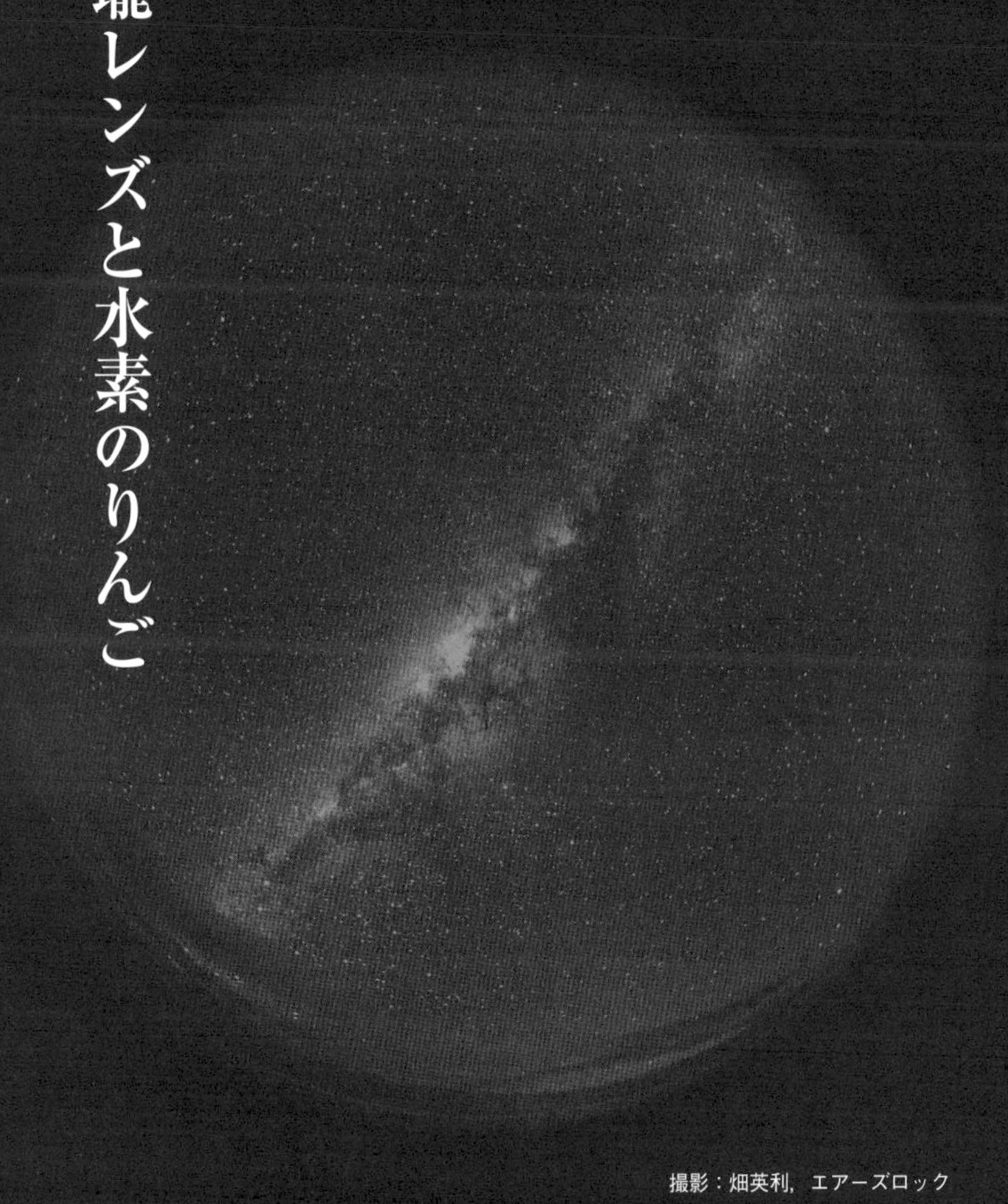

撮影：畑英利，エアーズロック

「青森挽歌」

「青森挽歌」という詩がある。詩集『春と修羅』の「オホーツク挽歌」におさめられている詩である。「オホーツク挽歌」には「青森挽歌」と「オホーツク挽歌」の二つの挽歌があるが、「青森挽歌」の補遺にもう一つの挽歌「宗谷挽歌」がある。賢治が１９２３（大正12）年の夏にサガレン（サハリン、樺太）を旅行したときにつくった挽歌三部作である。そして、「青森挽歌」は２５２行に及ぶ長大な詩である。そして、『銀河鉄道の夜』の布石となる作品と位置づけられている作品でもある。

その「青森挽歌」は次のようにはじまる。

こんなやみよののはらのなかをゆくときは
客車のまどはみんな水族館の窓になる
　（乾いたでんしんばしらの列が
　せはしく遷つてゐるらしい
きしやは銀河系の玲瓏レンズ

巨きな水素のりんごのなかをかけてゐる）
りんごのなかをはしつてゐる
けれどもここはいつたいどこの停車場だ
枕木を焼いてこさえた柵が立ち
（八月の　よるのしづまの　寒天凝膠《アガアゼル》）
（第二巻　詩［I］本文篇「青森挽歌」156頁）

闇夜の中、みちのくを汽車が疾走する。これ自身、銀河鉄道といってもよいぐらいだ。なぜなら、汽車は銀河系の玲瓏《れいろう》レンズの中を走っているからだ。

銀河系を玲瓏レンズと表現するところに、賢治の優れた感性を感じる。〝玲瓏〟は、ここでは美しく照り輝く様子を意味しているのだろう。あるいは、透き通った硝子玉としてもよい。

実際のところ、日常生活で玲瓏という言葉を使うことはあまりないように思う。

ただ、ひょっとしたら賢治の時代ではよく使われていたのかもしれない。なぜなら、宮沢清六の『兄のトランク』に次の一文があるからだ（71頁）。

……吹雪のワルツはいよいよ劇しく、風の又三郎や雪狼共は、もうサイクルホールをはじめたとみえ、……玲瓏硝子の笛の調子もいよいよ高くなってきた。

玲瓏硝子。これもよい響きの言葉だ。賢治は天の川のことを美しく透き通った硝子玉のように感じていたのだろう。

さて、「青森挽歌」には、次の二つの印象的な言葉がある。

きしやは銀河系の玲瓏レンズ
巨きな水素のりんごのなかをかけてゐる

これらの二つである。銀河系の玲瓏レンズも不思議な表現だが、水素のりんごは謎である。一体何を意味しているのだろう。

これら二つの言葉は、多くの賢治論で議論されてきた言葉である。そこで、本章では、天文学的な観点から考えてみることにする。

賢治のりんご

賢治の作品には、「りんご（苹果、林檎）」が頻繁に出てくることが知られている。実際、『銀河鉄道の夜』にも「苹果」が12回、「りんご」が3回も出てくる。[1]

まずは、賢治のりんご好きを確認しておこう。『【新】校本 宮澤賢治全集』の索引で調べてみると、りんご、林檎および苹果の三語の使用頻度は表8のようになる（本文篇、校異篇を含む）。

使用頻度が最も高いものは「苹果」で、続いて「りんご」、そして「林檎」の順になる。現在では、「りんご」を漢字で書けといわれると、ほとんどの人は「林檎」の字を書くだろう。

「ふりがな文庫」（https://furigana.info/r/りんご）によれば、「青空文庫」で公開されている文学作品で統計を取ると、林檎と苹果の使用頻度の割合は次のようになるそうだ。

表8　賢治作品におけるりんご，林檎，および苹果の三語の使用頻度

用　語	頻　度
りんご	52
林　檎	5
苹　果	102

林檎	90・3％	
苹果	9・7％	

賢治の作品も「青空文庫」で公開されているので、ひょっとすると、賢治の作品が苹果の使用頻度を9・7％にしているのかもしれない。もしそうだとすれば、賢治以外の作品のほとんどでは林檎が用いられていることになる。

苹果と林檎

賢治が「りんご」を漢字で書く場合、表8の結果によれば、使用頻度とその割合は次のようになる。

林檎	5回	4・7％
苹果	102回	95・3％

ふつうの使い方とは見事に逆転した結果となる。なぜ、賢治は苹果を好んだのか。少し気になると

ころだ。

調べてみると、どうも、りんごの歴史にあるようだ。

林檎　和りんご

（ワリンゴ、*Malus domestica*）

苹果　明治初期に日本に入ってきた西洋りんご

（セイヨウリンゴ、*Malus asiatica*）

林檎は古い時代に中国から伝わったリンゴの漢名である。現在私たちが食べているのは、苹果のほうである。これは中国で使われている簡体字であり、発音は「ひんか」である。

つまり、現在、りんごを漢字で表記する場合、苹果のほうが正しいことになる。どうも、常識とは違うようだ。しかし、賢治は理解していたのだろう。

玲瓏レンズと水素のりんご

ここで、「青森挽歌」の次の二つの言葉に立ち返ろう。

きしやは銀河系の玲瓏レンズ
巨きな水素のりんごのなかをかけてゐる

賢治がこの「りんご」にどういう思いを込めたのかはわからない。したがって、正確な解答を与えることは難しい。そのため、さまざまな論考がなされている。

「巨きな水素の」という説明はあるものの、「りんご」は「りんご」であるという解釈がある。この解釈は入沢康夫と天沢退二郎の『討議『銀河鉄道の夜』とは何か』[2]で披瀝《ひれき》されている。

入沢　賢治の場合、とくに汽車の旅とりんごのことが結びついているけれど、このことが、ただ単に思い出すということではなく、たとえば、青森挽歌のように、汽車が「りんごのなかをはしってゐる」というようなことになると、これはもう観念の単なる結びつきということを超えてしまう。

……………

……

天沢　「りんごのなかをはしってゐる」というからには、もちろん、りんごの果肉のなかを走っているわけです。

（27頁）


この解釈によれば、賢治の乗っている汽車は「りんごの果肉のなか」を走っていることになる。りんごの果肉は結構硬いので、その中を移動することは難しいように思う。しかし、「りんごのなかをはしってゐる」という表現を素直に受け入れるということである。見田宗介も同じ印象を持ったようだ。[3]

…………

ここで詩人ののっている汽車は、鋭利なフォークの先端のようにいきなりりんごの果肉の中を走る。


…………

一方、これとは、まったく別の考え方を原子朗が提案している。[4]

…………

りんごは銀河系（成分のほとんどが水素）そのものであり、童話〈銀河鉄道の夜〉で乗客たちの食べる「黄金と紅でうつくしくいろどられた大きな苹果」は、地上のものならぬ天国の苹果であり、と……いうより球形の天上界そのものでもあろう。

りんごを銀河系と捉える考え方である。これと同様な考えは大塚常樹も持ったようだ。[5]

……《銀河系》は、銀河系によく似た「りんご」という小宇宙、甘酸っぱい《果実》のイメージになるのである。

天文学者の立場でコメントすると、

きしやは銀河系の玲瓏レンズ
巨きな水素のりんごのなかをかけてゐる

これらは、まさに銀河系の姿を表現しているように感じる。

銀河系の玲瓏レンズ

私たちは銀河の一つに住んでいる。この銀河を天の川銀河あるいは銀河系と呼んでいる。夜空に輝く星々を眺めても、銀河を実感することは難しい。しかし、賢治の時代でも、天の川銀河の姿はだいたい理解されるようになっていた。それは『銀河鉄道の夜』を読むとわかる。ジョバンニたちの先生の説明を見てみよう。

私どもの太陽がこのほゞ中ごろにあって地球がそのすぐ近くにあるとします。みなさんは夜にこのまん中に立ってこのレンズの中を見まはすとしてごらんなさい。こっちの方はレンズが薄いのでわづかの光る粒即ち星しか見えないのでせう。こっちやこっちの方はガラスが厚いので、光る粒即ち星がたくさん見えその遠いのはぼうっと白く見えるといふこれがつまり今日の銀河の説なのです。そんならこのレンズの大きさがどれ位あるか　またその中のさまざまの星についてはもう時間ですからこの次の理科の時間にお話します。では今日はその銀河のお祭なのですからみなさんは外へでてよく空をごらんなさい。ではこゝまでです。本やノートをおしまひなさい。

（十一巻、125頁）

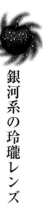

先生は、天の川銀河をレンズに見立てて、天の川がどのように見えるかをうまく説明している。ところが、最初の一文がやや曖昧なので、少し注意が必要だ。

その最初の一文を、もう一度見てみよう。

私どもの太陽がこのほゞ中ごろにあって地球がそのすぐ近くにあるとします。

（十一巻、125頁）

先生はレンズを指差しながらこの説明をしているのだと思う。〝中ごろ〟がレンズの中央部を意味すると問題が起こる。太陽は銀河系の中心にはないからだ。したがって、この先生の説明を矛盾なく理解するには図19のような配置になる。

先生はこの図に示したような太陽の位置を示しながら

私どもの太陽がこのほゞ中ごろにあって地球がそのすぐ近くにあるとします。

といったのだろう。

実際、太陽系は銀河の中心から約2万6000光年離れたところに位置している。なお、銀河系

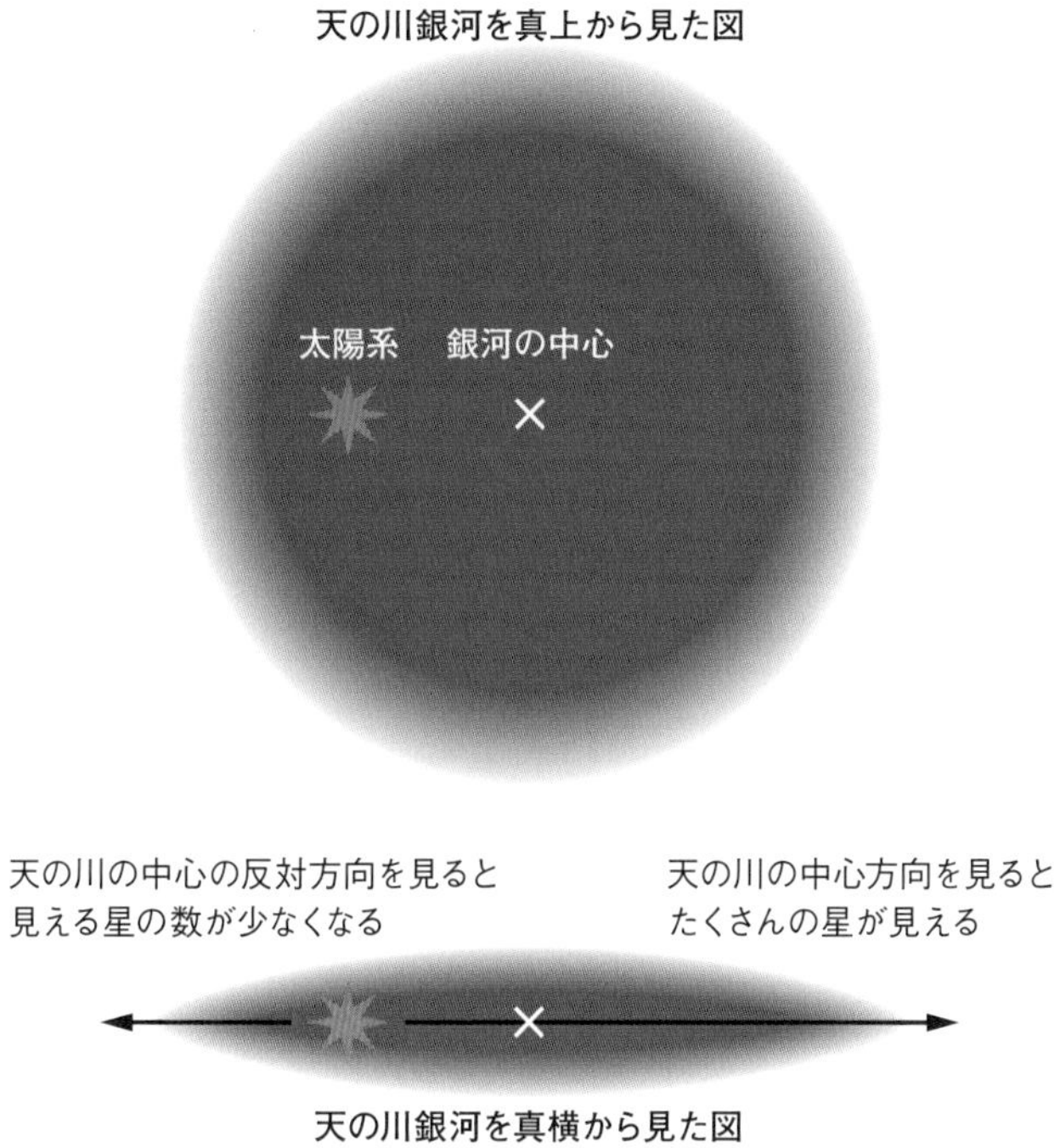

図 19　天の川銀河における太陽系の位置.

の直径は約10万光年である。ここで、光年は天文学で使われる距離の単位で、光（電磁波）が一年間に進むことができる距離である。光速は秒速30万キロメートル。この速度で一年間進むと、1光年＝約10兆キロメートルになる。

こう思えば、先生の次の説明はよくわかる。

みなさんは夜にこのまん中に立ってこのレンズの中を見まはすとしてごらんなさい。こっちの方はレンズが薄いのでわづかの光る粒即ち星しか見えないのでせう。こっちやこっちの方はガラスが厚いので、光る粒即ち星がたくさん見えその遠いのはぼうっと白く見えるといふこれがつまり今日の銀河の説なのです。（十一巻、125頁）

天の川銀河のかたちが凸レンズのようなかたちをしていることは大正時代に出版された天文学の教科書に出ていることを寺門和夫が指摘している。その教科書は古川龍城の著した『天文界之智嚢《ちのう》』である。[6] ちなみにこの教科書は盛岡高等農林學校の圖書館和漢書目録に出ているので、賢治もきっと読んだことだろう。

『天文界之智嚢』には、寺門によれば、以下の記述があるとのことだ。[7]

……………………

吾々の宇宙は大体凸レンズ形で横には相当拡がって居るが厚さは至って薄いもので、其の中の略中央邉に吾が太陽系がある。夫《それ》で凸レンズの横の方向は多多の星が集積して天球面に投射されるから一つの大円をなして天球を一周する如く見える。是が即ち銀河である。併し縦の方は星が少ないから別に銀河の如く帯状にも見えない。

……………………は

先生が凸レンズを利用して天の川銀河の説明をしていても不思議ではない。しかし、古川の説明では

……其の中の略中央邉に吾が太陽系がある

とされている。しかし、先生の説明は明らかに図19に示したようになされている。つまり、先生は古川の説明より正しい説明をしているのだ。

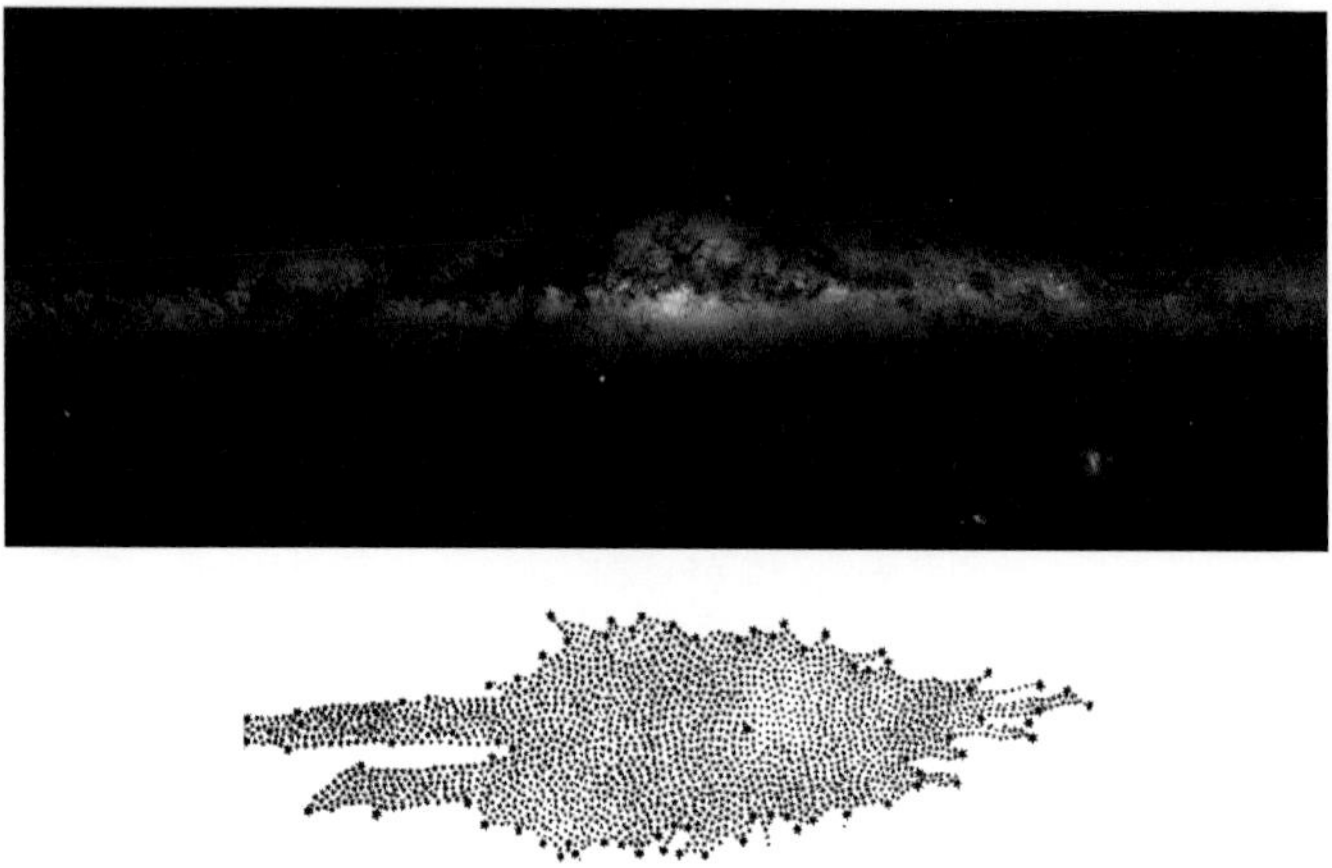

図 20　ハーシェルの観測から得られた銀河系の姿を銀河系の全天写真と比較したもの．［天の川のイメージ：ESO/S. Brunier］

天の川の地図

ここで、天の川の研究の歴史を振り返ってみることにしよう。18世紀後半、ドイツ出身で英国の天文学者であるウィリアム・ハーシェル（1738–1822）は妹のカロライン（1750–1848）とともに天の川の定量的な調査に着手した。口径48センチメートルの反射望遠鏡を使い、683個に分割した天域（ハーシェルはゲージと呼んでいた。一つの天域の大きさは直径15分角）で星がそれぞれ何個観測されるか克明に調べたのである。

これはスターカウント、恒星計数観測と呼ばれる研究手法である。20世紀に入ってもこの手法は使われ続けている。また、銀河の分布や進化を調べるときは銀河計数観測が行われてきた。つま

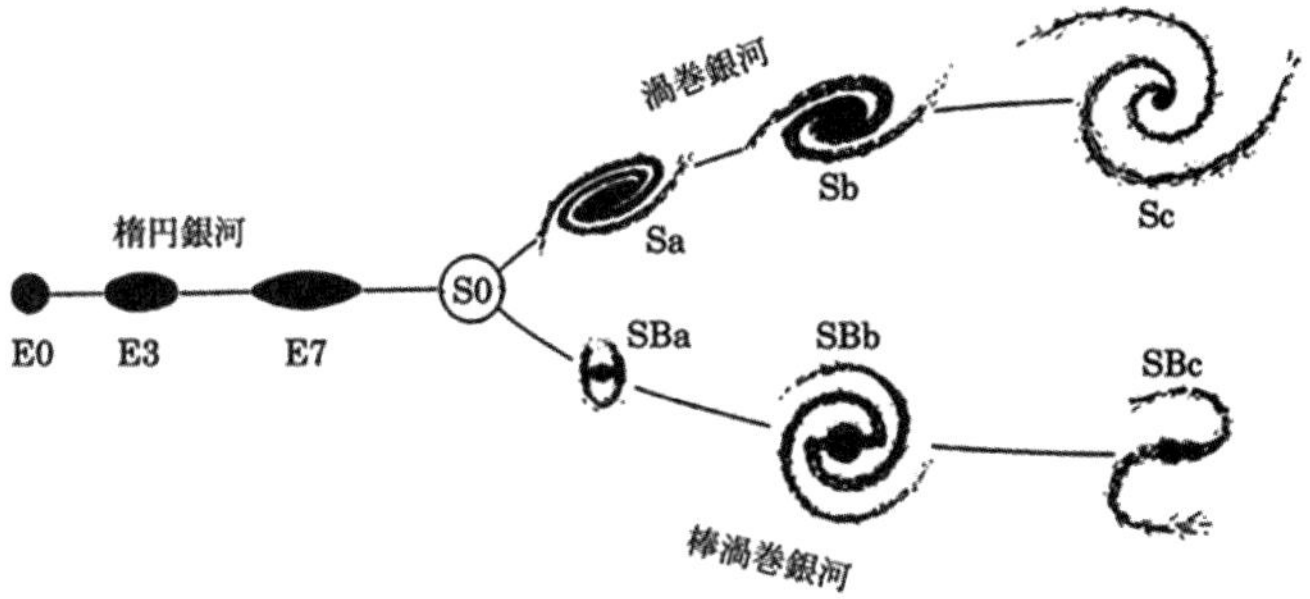

図 21　銀河の形態分類（銀河のハッブル分類）．［E. P. Hubble, 1936］

り、〝計数観測〟は宇宙における天体の性質を調べる基本的な研究手法である。ハーシェルの先見性には端倪《たんげい》すべからざるものがある。

では、ハーシェル兄妹が得た天の川の地図を見てみよう（図20）。この図では、実際の天の川の写真と比較してある。左右に広がった構造が、レンズである。正確には銀河円盤であるが、薄いシート状の円盤ではなく、一定の厚みを持っている（数百光年）。そのため、レンズのような構造として観測される。

銀河の世界

ハッブルはアンドロメダ銀河の研究をきっかけに、近傍の宇宙で観測される銀河の系統的な研究をはじめた。その研究成果がまとめられたのは１９３６（昭和11）年のことだった。

ハッブルは、銀河は大まかに2種類に分類されるとした。楕円銀河と渦巻銀河（円盤銀河）である（図21）。

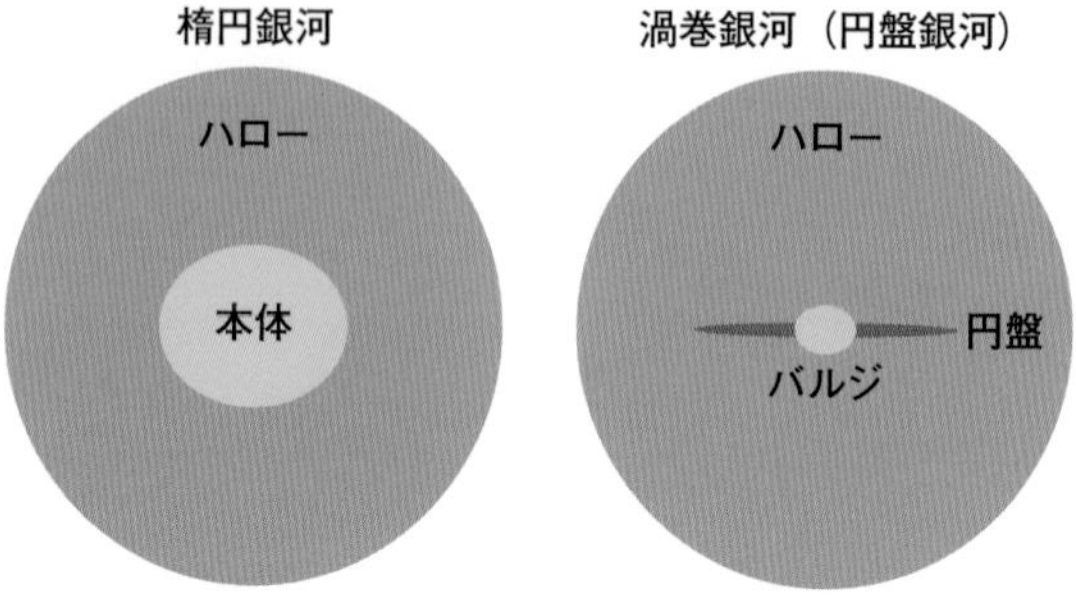

図 22　楕円銀河と渦巻銀河（円盤銀河）の基本的な構造．渦巻銀河の中央部にあるバルジは円盤より膨らんだ構造である．実際，バルジは「ふくらみ」という意味である．

図21に示した銀河の形態分類（銀河のハッブル分類）を見てみると、三つのブランチがあるように見える。左側には楕円銀河、そして右側には渦巻銀河と棒渦巻銀河があるからだ。渦巻銀河と棒渦巻銀河との違いは、円盤部に棒状の構造があるかどうかである。この差を気にしなければ、2種類とも渦巻銀河としても大丈夫である。実際のところ、棒状の構造があるかどうかで、銀河の性質はほとんど変わらない。結局、銀河の世界には楕円銀河と渦巻銀河（円盤銀河）の2種類しかないとしてもよい。とても単純な世界だ。

楕円銀河と渦巻銀河（円盤銀河）の基本的な構造を図22にまとめた。ここで重要なことは、両者とも銀河本体より数倍もの大きさのハローに取り囲まれていることである。おもな成分は正体不明のダークマター（暗黒物質）なので、ダークマター・ハローと呼ばれている。銀河本体の数倍から10倍まで広がっている構造である。もちろん、ダークマター以外にも、原子でできたふつうの物質もある。その90％は水素であ

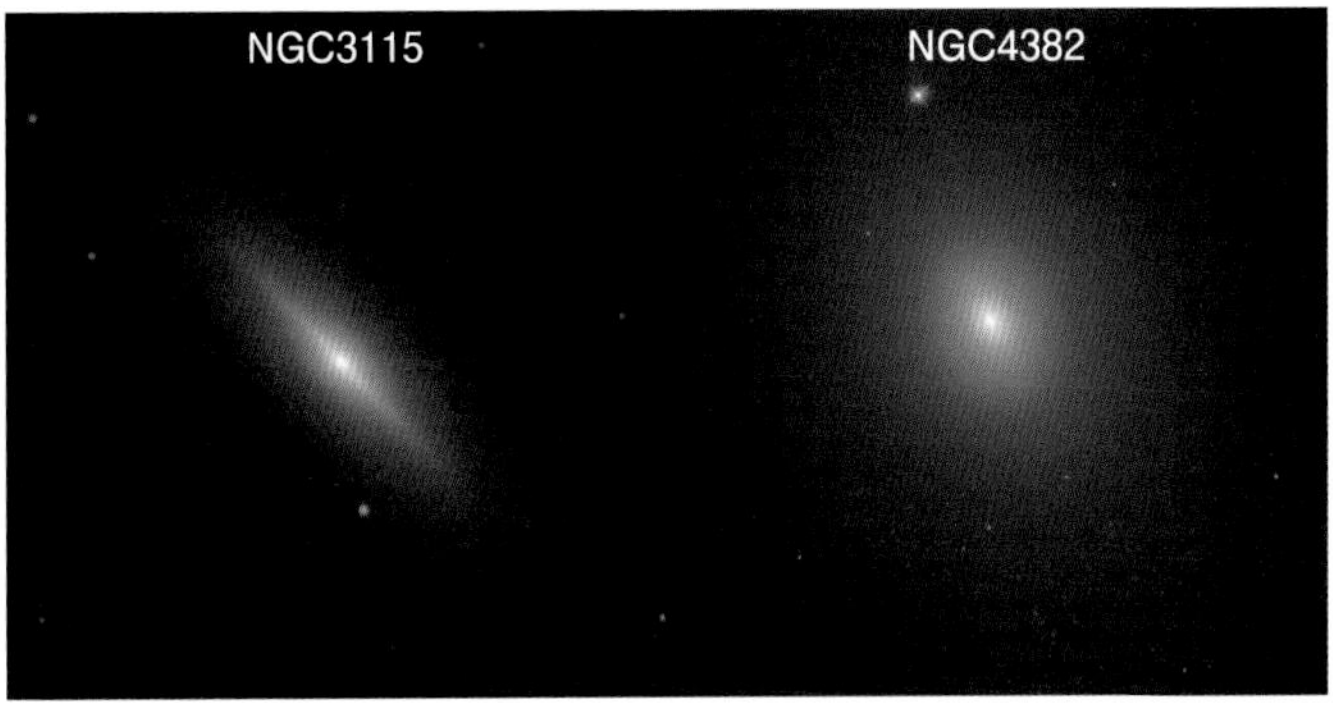

図 23　S0 銀河の例．NGC3115：真横から見た S0 銀河の例．円盤には暗黒星雲の兆候がない．これは円盤にガスや塵がほとんどないためである．NGC4382：斜め上から眺めた S0 銀河の例．バルジを取り囲む円盤はあるが，そこに渦巻は見えない．［NGC4382：ESA/Hubble & NASA, R. O'Connell］

る。つまり、ハローは「巨きな水素のりんご」と呼んでもよい。

謎のレンズ銀河

図21に示した銀河のハッブル分類に示されているのは、楕円銀河、渦巻銀河、棒渦巻銀河の3種類だけではない。楕円銀河と円盤銀河（渦巻銀河と棒渦巻銀河）の中間にS0銀河というカテゴリーの銀河が位置づけられているからである。

じつは、ハッブルが分類体系を提案したときにはS0銀河のカテゴリーに属する銀河はなかった。しかし、ハッブルは楕円銀河と渦巻銀河の間には不連続性があると感じ、それを嫌った。そのため、仮説的なカテゴリーとしてS0銀河を設定したのだ。

しかし、いまでは多数のS0銀河が実際に見つかっている（図23）。ハッブルの慧眼には本当に驚いてしまうところだが、じつは違う。ハッブルは現在ではS0銀河と分類されている銀河を、楕円銀河（最も扁平なE7型）にしていたのである。つまり、ハッブルはS0銀河を見ていたのである。

S0銀河の性質をまとめると以下のようになる。

・円盤構造を持つ
・しかし、渦巻構造はない

つまり、S0銀河は円盤銀河であるが、渦巻銀河ではないということだ。ちなみにS0銀河には別の名前がある。レンズ銀河である。ガスやダスト（塵）がないため、レンズは綺麗に見える。図23の左に示したＮＧＣ　３１１５は真横から見ているため、円盤（レンズ）が美しく見えている。まさに、「銀河の玲瓏レンズ」の世界がS0銀河にあるのだ。

巨きな水素のりんご

さて、「青森挽歌」の詩に戻ろう。賢治は、銀河系を玲瓏レンズといいながら、そのすぐ後で

図 24　天の川銀河のような円盤銀河の全体的な構造．玲瓏レンズである円盤部（中央）と，それを囲むハローと呼ばれる，ほぼ球形の構造．ハローの大きさは円盤の数倍から 10 倍もある．

巨きな水素のりんごのなかをかけてゐる

という表現を使っている。まず、次の等式はよいだろう。

銀河系の玲瓏レンズ＝天の川銀河の円盤

そして、もう一つの等式である。

巨きな水素のりんご＝銀河系の円盤を取り巻くハロー

天文学的には、これで問題はない。つまり、「玲瓏レンズ」は、それを取り巻くさらに「巨きな水素のりんご」の中に位置しているというイメージになる。（図24）。何しろ、ハローの中にある元素物質の9割は水素なのだ。

賢治が生きていた時代には、銀河のことはまだよくわかっていなかった。ただ、賢治は最先端の天文学を理解するように勉強をしていたことは間違いないようだ（例えば文献7、8参照）。賢治には銀河の真の姿がイメージできており、それが「青森挽歌」に反映されたとしてよいだろう。

正直なところ、「青森挽歌」をはじめて読んだとき、私がハッと息を呑んだことはたしかである。賢治は100年後の天文学者のために書いてくれたのかもしれない。

参考文献

1 高桑常子「苹果・林檎・りんご」西田良子編著『宮沢賢治「銀河鉄道の夜」を読む』創元社、2003

2 入沢康夫・天沢退二郎『討議『銀河鉄道の夜』とは何か』青土社、1976

3 見田宗介『宮沢賢治─存在の祭りの中へ』岩波書店、1984（岩波現代文庫（2001）でも読める）

4 『國文學 解釈と教材の研究 賢治童話の手帖』5月臨時増刊号、學燈社、1986

5 大塚常樹『宮沢賢治─心象の宇宙論（コスモロジー）』朝文社、1993

6 古川龍城『天文界之智嚢』中興館書店、1923

7 寺門和夫『「銀河鉄道の夜」フィールド・ノート』青土社、2013

8 谷口義明『天文学者が解説する宮沢賢治『銀河鉄道の夜』と宇宙の旅』光文社（光文社新書）、2020

第5章

ジョバンニが銀河鉄道の中から見た、がらんとした桔梗色の空の謎

撮影：畑英利，岩手山柳沢登山口

『銀河鉄道の夜』に出てくる謎の空

『銀河鉄道の夜』は多くの方々に読み継がれている名作である。『銀河鉄道の夜』を精読してみると、不思議な表現に巡り合うことが多い。その中に「がらんとした桔梗いろの空」がある。銀河鉄道に乗って天の川を見れば、そこは満天の星の世界であろう。なぜ、空はがらんとしているのだろう。もう一つの謎は桔梗色である。夜空を見ると濃い藍色を感じるが、桔梗色だと感じたことは一度もない。一体、ジョバンニ（賢治）は夜空に何を見ていたのだろうか。本章ではその謎に迫ってみたい。

『銀河鉄道の夜』で主人公の少年ジョバンニはひょんなことから銀河鉄道に乗り込んでしまうが、車内にはなぜか親友のカムパネルラがいた。そして、不思議な人たちと乗り合わせ、「はくちょう座」の北十字から「みなみじゅうじ座」の南十字へ向けて、天の川を旅して行く。ところが、現実の世界に戻ったところで、カムパネルラが川で溺れて亡くなったことを知る。哀しい不思議な物語である。

『銀河鉄道の夜』を読んでいたとき、少し気になる表現に出会った。それは〝がらんとした桔梗いろの空〟という表現である（以下では〝桔梗色の空〟とさせていただく）。

ここで少し注意しておくと、ジョバンニのいう「空」は銀河鉄道から見上げた「空」のことだ。ジョバンニたちは地球を離れ天の川の中にいるので、美しい星々が輝く夜空を眺めることになる。それを「がらんとした空」というだろうか。そして、夜空の色は桔梗色だという。私たち天文学者は、天文台で観測するときに、よく夜空を眺めてきた。しかし、夜空の色を「桔梗色」と感じたことは一度もない。ジョバンニ（あるいは賢治）は満天に輝く星空を見て、なぜ〝がらんとした桔梗色の空〟を見たのだろうか。

図 25　桔梗の花.

桔梗色の空

まず、〝桔梗色の空〟という表現である。私たちは夜空を見て、あまり色を意識することはない。月が出ていなければ、夜空は暗く、色としては黒や濃紺などがイメージされる。そのため、〝桔梗色の空〟という表現には、やや意表を突かれる。しかも、この言葉は『銀河鉄道の夜』の中に4回も出てくるのだ。

ところで、桔梗色とはどういう色なのだろう。久しく、桔梗の花を見ていなかったので、とりあえず町の花屋で買い求めて、見てみた（図25）。青でもなければ、紫でもない。たしかに、桔梗色というしかない。明け方や夕方の空ならまだわかる。ところが、銀河鉄道はこの童話のタイトルからわかるように夜行列車だ。午後11時〜午前3時（原文では第3時）までの旅である（文献1の表1-5および55頁参照）。夜空の色を桔梗色に例えるのは、よく理解できない。

では、『銀河鉄道の夜』では、どのような場面で〝桔梗色の空〟という言葉が出てくるのだろうか。まずは、それらの文章を読んでみることにしよう。[2]

最初は第八節の〝鳥を捕る人〟に出てくる。

［1］がらんとした桔梗いろの空から、さっき見たような鷺が、まるで雪の降るやうに、ぎゃあぎゃあ叫びながら、いっぱいに舞ひおりて来ました。
（第十一巻、147頁）

残りの3回は第九節の〝ジョバンニの切符〟に出てくる。

［2］さまざまの形のぼんやりとした狼煙のやうなものが、かはるがはるきれいな桔梗いろのそらにうちあげられるのでした。
（第十一巻、154頁）

［3］美しい美しい桔梗いろのがらんとした空の下を実に何万といふ小さな鳥どもが幾組も幾組もめいめいせわしくせわしく鳴いて通って行くのでした。

（第十一巻、158頁）

［4］まったく向ふ岸の野原に大きなまっ赤な火が燃やされその黒いけむりは高く桔梗いろのつめたさうな天をも焦がしさうでした。

（第十一巻、162-163頁）

表9　“桔梗いろの空”を形容する言葉

番　号	“桔梗いろの空”を形容する言葉
[1]	がらんとした
[2]	きれいな
[3]	美しい，がらんとした
[4]	つめたさうな

ここで、〝桔梗色の空〟を形容する言葉を見ておこう（表9）。基本的には、次の2種類に分類することができる。

・がらんとした（つめたさうな）

・きれいな（美しい）

まず、〝がらんとした〟という表現だが、これは空間などの、広々として何もない様子を表現する言葉である。人の気配がないときも、〝がらんとしている〟という。また、家などの建物に誰もいないときは、〝がらんどう〟ともいう。

では、空はがらんとしているだろうか。晴れていれば、夜空にはたくさんの星々が見える。その状況を〝がらんとした〟空と表現するだろうか。やや、違和感を覚える。一方、二番目の〝きれいな〟や〝美しい〟は言葉通りなので、問題はない。

がらんとした空

さて、空が〝がらんとした〟ように見えるのは、どのような場合だろうか。ジョバンニたちは銀河鉄道に乗って、天の川の中にいる。つまり、曇り空ではない。したがって、見上げれば満天の星空が見えるはずだ。〝がらんとした〟空として、可能性があるのは、明るい星があまり見えない状態かもしれない。

すばる望遠鏡のあるハワイ島マウナケア山の山頂（標高約４２００メートル）では大気揺らぎの影響が小さいので、星像はシャープである。そのため、マウナケア山で夜空を眺めると、１等星が目立たないので、星座がよくわからなくなることがある。銀河鉄道は地球を離れて、天の川の中を走っているので、地球大気の影響をまったく受けない。そこで見る星はまさに点のようにしか見えない。しかし、星像は点光源のように小さく見えるにしても、見える星の数は膨大である。したがって、このアイデアで〝がらんとした〟夜空を説明することは難しい。

そこで、〝がらんとした夜空〟はどういうものかを探るために、いま一度、〝がらんとした〟という表現が出てくる箇所を見てみよう。

がらんとした桔梗いろの空から、さっき見たような鷺が、まるで雪の降るやうに、ぎゃあぎゃあ叫びながら、いっぱいに舞ひおりて来ました。（第十一巻、147頁）

美しい美しい桔梗いろのがらんとした空の下を実に何万といふ小さな鳥どもが幾組も幾組もめいめいせわしくせわしく鳴いて通って行くのでした。（第十一巻、158頁）

これらの文章を読むと、共通点があることに気がつく。それは、〝がらんとした〟空には鳥が舞っていることだ。したがって、ジョバンニたちは空を見上げていることになる。天の川の中で空を見上げるとは、どういう状況になるかを考えてみよう。

ジョバンニたちは天の川の中にいるが、もう少し正確にいうと、銀河の円盤部（銀河面）にいる。銀河面に立って上を見上げると、銀河面と直交する方向を眺めることになる。そこは銀河面を取り囲んでいる「ハロー」と呼ばれる領域だ。銀河面には星がいっぱいあるが、銀河面と直交する方向（ハロー）では、星の個数が激減する（図26）。つまり、そこに広がっているのは、まさに〝がらんとし

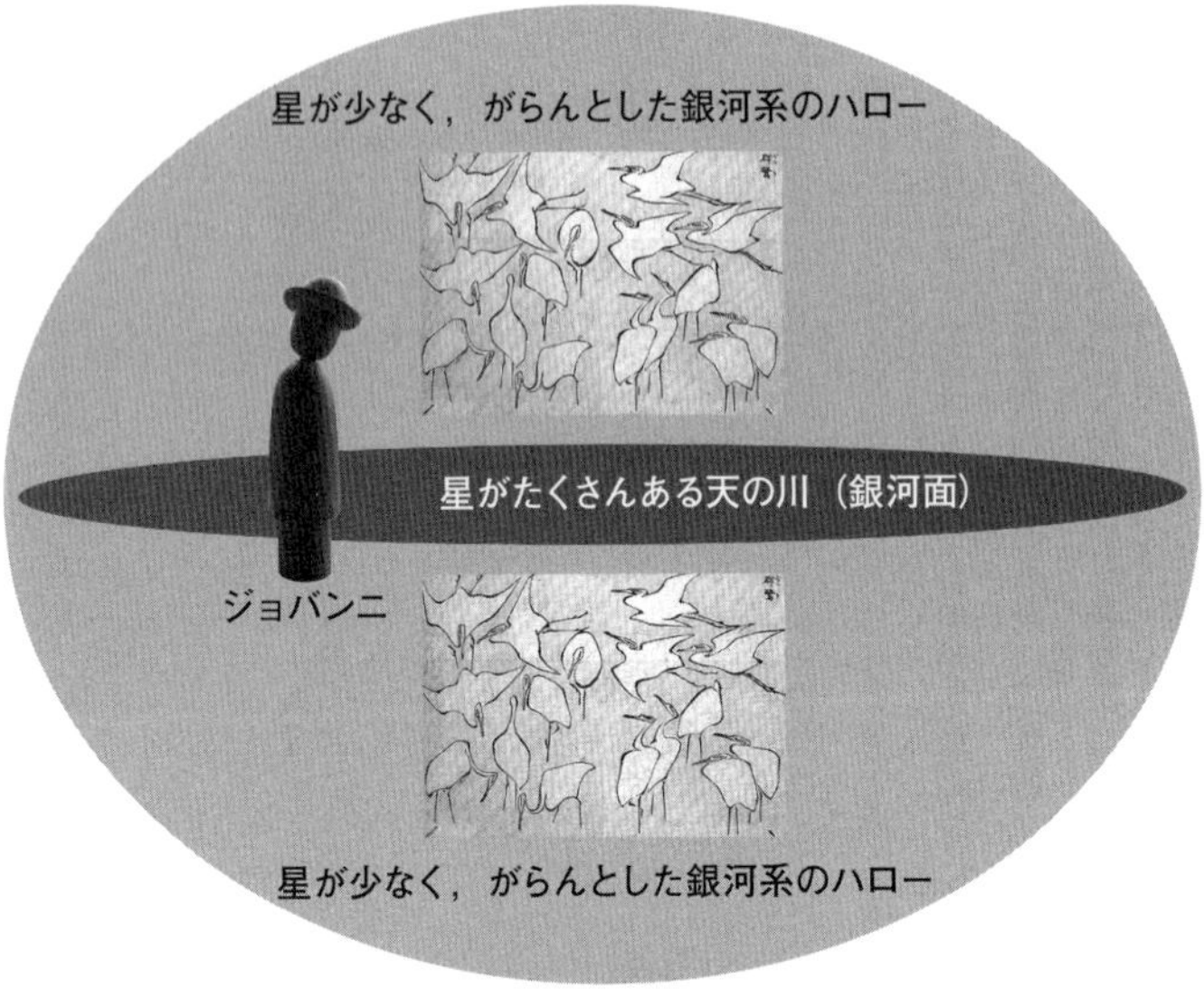

図 26　天の川を横から眺めた図．横に広がっているのが天の川の銀河円盤（銀河面）．鳥が舞っているのは銀河面ではなく，銀河のハローの領域になる．この銀河面に直交している方向に見えるのが“がらんとした”空という解釈になる．なお，図中で用いているジョバンニの写真は，宮沢賢治記念館前にある“工房 木偶乃坊”で，15 年ほど前に購入した“デクノボーこけし”である．［群れる鷺の絵：葛飾北斎の『一筆画譜』にある「群鷺」］

た〟空になるのだ。賢治は「銀河面に立って上を見上げると、空ががらんとして見える」と考えたのではないだろうか。そうだとすれば、天文学者以上に冷静な思考能力があると判断せざるを得ない。脱帽である。

　ところで、『銀河鉄道の夜』を英訳したロジャー・パルバース[3]は、「がらん」を「barren」という言葉で表現した。「barren」は「不毛」や「味気ない」ことを意味する言葉である。つまり、「がらんとした空」は「不毛な

いそうだ。私たち天文学者はこの夜光と闘いながら100億光年彼方の生まれたての銀河を探していたのだと思うと、何だか感無量になってくる。

図29　岩手県種山ケ原で眺める天の川と夜光．天の川の左下側にほのかに赤く見えているのが夜光．［撮影：畑英利］

では、賢治の時代、岩手県で図28に示したような夜光を見ることはできたのだろうか。その答えはイエスだ。なぜなら、いまでも岩手県の種山ケ原では、夜光が見えるぐらい、空が〝すきとほって〟いるからだ(図29)。

結語

賢治の時代では、街灯りが暗いため、夜光の影響は相対的に大きかっただろう。そうすると、夜空の色は「夜空本来の濃い青＋夜光の赤」となり、賢治には〝空の二藍〟、「桔梗色」として見えても不思議はない。賢治は自分の目に感じた色として、〝桔梗色の空〟という言葉を選んだのだろう。

そして、賢治は天の川（銀河系）の構造をよく知っていた。銀河面（銀河円盤）を走る銀河鉄道から空を見上げれば、ハローが広がっている。そこは星の少ない、がらんとした空なのだ。かくして、〝がらんとした桔梗色の空〟の謎は解けた。安心して、バルコニーにある桔梗の花をいま一度見てみた。すでに夜の帳がおり、バルコニーは闇に包まれていた。すると、なんだか空の二藍のような桔梗色に見えた。

参考文献

1 谷口義明『天文学者が解説する宮沢賢治『銀河鉄道の夜』と宇宙の旅』光文社（光文社新書）、2020
2 『【新】校本 宮澤賢治全集』全16巻、別巻1（全19冊）、筑摩書房、1995-2009
3 ロジャー・パルバース訳『英語で読む銀河鉄道の夜』筑摩書房、1996
4 板谷栄城『宮沢賢治の見た心象—田園の風と光の中から』日本放送出版協会（NHKブックス）、105-106頁、1990
5 ますむらひろし『イーハトーブ乱入記—僕の宮沢賢治体験』筑摩書房（ちくま新書）、173頁、1998
6 『定本 和の色事典』視覚デザイン研究所、2008
7 吉岡幸雄『日本の色を知る』KADOKAWA（角川ソフィア文庫）、2016

第6章　宮沢賢治は宇宙塵を見ていた

―『銀河鉄道の夜』に出てくる「天気輪の柱」は対日照なのか

撮影：畑英利，岩手山柳沢登山口

謎の天気輪の柱

『銀河鉄道の夜』にはいろいろな謎がある（例えば第5章参照）。その中でも「天気輪の柱」は最大級の謎であると考えられている。この言葉は賢治の造語だが、具体的な記述がない。そのため、これまでにも多くの議論がなされてきているものの、正体は不明のままである。

ここではまず、いままで候補として議論されてきたものをまとめる。そのうえで、天文現象に関連する可能性を考察してみることにする。その結果、天文現象の中で最も可能性が高いのは「対日照」であるという結論を得たので、見ていくことにしよう。

賢治と宇宙塵

宇宙塵という言葉がある。宇宙塵は宇宙空間に存在するダスト（塵）のことだ。氷が混じっていることもあるが、岩石を細かく砕いたものだと思えばよい。存在する場所によって星間ダスト、星周ダスト、惑星間ダスト、銀河間ダストなどと呼ばれる。現在の宇宙では、ガス質量の約１００分の１はダストが担う。したがって、宇宙塵は宇宙の至るところにあり、それなりの量が存在している。

では、いまから100年も前、宇宙塵という言葉を知っている人はどのくらいいただろうか。著者の一人である谷口は『天文学者が解説する宮沢賢治『銀河鉄道の夜』と宇宙の旅』[1]を準備する際、明治、大正、昭和初期に出版された天文書を数冊買って読んでみた。それらには宇宙塵という言葉は出てこない。唯一目にした言葉は〝細かい塵埃状の物質〟である。[2]

このような状況なので、当時は天文学者ですら宇宙塵という言葉を知らなかった、あるいは使っていなかった可能性すらある。そんな時代に、宮沢賢治は宇宙塵という言葉を作品の中で使っているのだ。それは、たった1回。賢治の著名な詩『春と修羅』に出てくる。

さっそく、宇宙塵という言葉がどのように用いられているか、『春と修羅』の「序」を読んでみることにしよう。

わたくしといふ現象は
仮定された有機交流電燈の
ひとつの青い照明です
(あらゆる透明な幽霊の複合体)
風景やみんなといつしよに
せはしくせはしく明滅しながら

因果交流電燈の
ひとつの青い照明です
(ひかりはたもち、その電燈は失われ)

これらは二十二箇月の
過去とかんずる方角から
紙と鉱質インクをつらね
(すべてわたくしと明滅し
みんなが同時に感ずるもの)
ここまでたもちつゞけられた
かげとひかりのひとくさりづつ
そのとほりの心象スケツチです

これらについて人や銀河や修羅や海胆は
宇宙塵をたべ　または空気や塩水を呼吸しながら
それぞれ新鮮な本体論もかんがへませうが

それらも畢竟《ひっきょう》こゝろのひとつの風物です
たゞたしかに記録されたこれらのけしきは
記録されたそのとほりのこのけしきで
それが虚無ならば虚無自身がこのとほりで
ある程度まではみんなに共通いたします
（すべてがわたくしの中のみんなであるやうに
みんなのおのおののなかのすべてですから）

（第二巻、6−8頁）[3]

宇宙塵という言葉は最後の段落の最初のほうに出てくる。なんと、宇宙塵を食べるのだ。

賢治は一体どこで宇宙塵を見たのだろう。そもそも、どこで宇宙塵という言葉を知ったのだろう。正確な答えはわからない。しかし、賢治は宇宙塵を見ていた。夜空に淡く光る黄道光と対日照である。これらは黄道面に分布しているダストが太陽光を反射して見えるものである。[n] 岩手山で見た黄道光と対日照の写真を図30に示したので、まずはその美しい姿を堪能していただきたい。

n　明治、大正、昭和初期の天文書では、黄道光の解説もわずかに見られるだけである。さきほど紹介した本田親二の著書では、黄道光も対日照も用語としての説明がある。一方、『改訂 天文講話』[4]にも黄道光は出てくるが、光る原因は不明であると記されている。

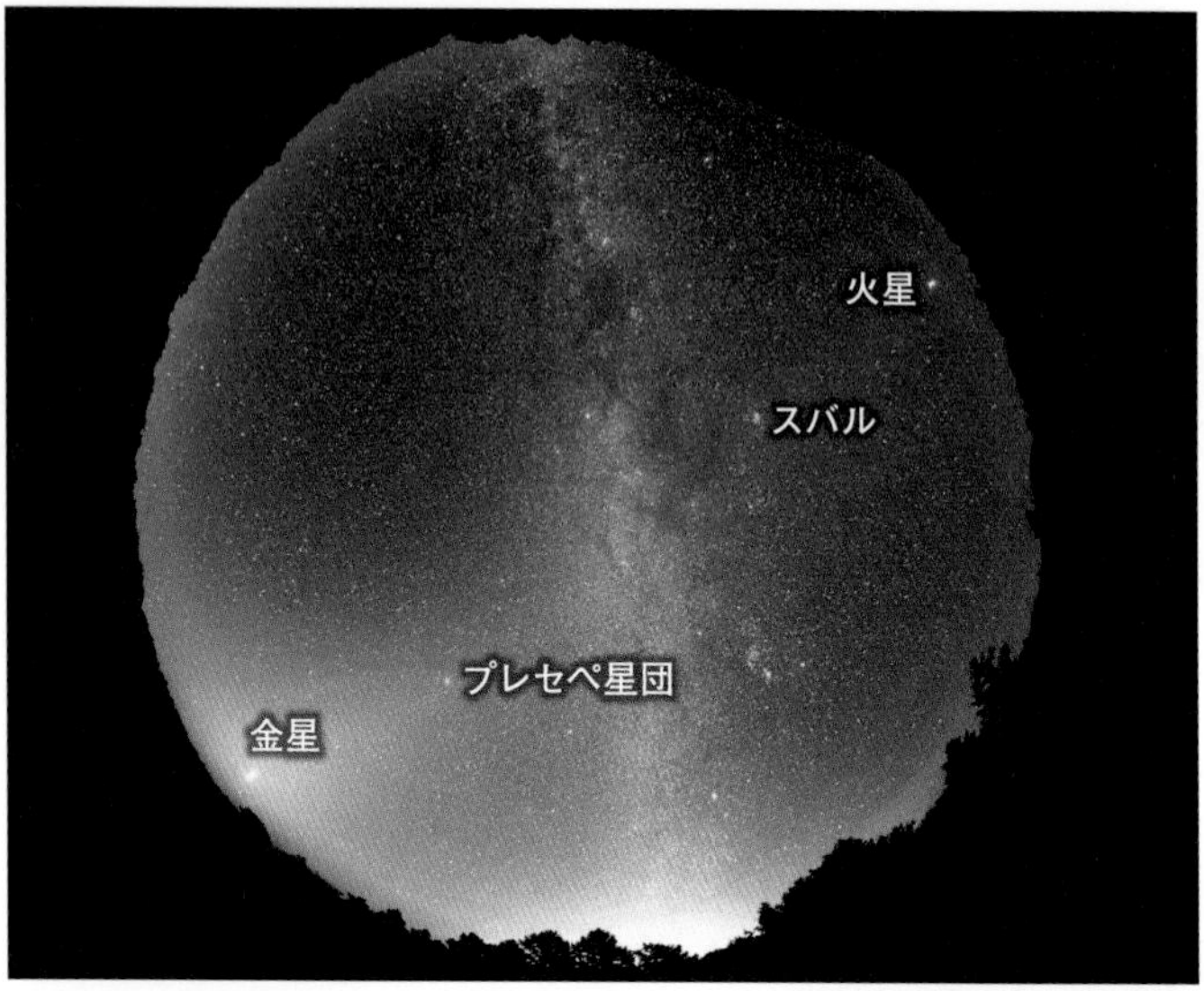

図 30　岩手山で撮影された全天に及ぶ黄道光と対日照．左下の金星のあたりから，プレセペ星団，プレアデス星団と通り，右上の火星のあたりまで延びている．天の川とクロスして，天球に大きなXの字ができているように見える．［撮影：畑英利，2020 年 10 月 18 日午前 3 時半，岩手山焼走りにて］

美しく輝く宇宙塵を見たところで、本章のテーマである「天気輪の柱」の謎について考えていくことにしよう。

『銀河鉄道の夜』における「天気輪の柱」

では、「天気輪の柱」を紹介しよう。この柱は『銀河鉄道の夜』第五節のタイトルにもなっている。

ジョバンニが銀河鉄道に乗った夜は、ケンタウル祭の日だったので、町は賑わいを見せていた。ジョバンニも町に出掛けたが、お母さんの牛乳をもらうために、町外れの牛乳屋に行った。残念ながら牛乳はもらえなかったので、町に戻ろうとしたところで、ジョバンニをからかう同級生のザネリたちに出会ってしまった。からかうザネリたちに嫌気がさして、ジョバンニは踵を返し、黒い丘のほうへ走って行く。そして、その丘の頂に天気輪の柱があるのだ。

天気輪の柱が出てくるシーンを見てみよう。

その真っ黒な、松や楢の林を越えると、俄かにがらんと空がひらけて、天の川がしらしらと南から北へ亙《わた》ってゐるのが見え、また頂の、天気輪の柱も見わけられたのでした。つりがねさうか野ぎくのはなが、そこらいちめんに、夢の中からでも薫りだしたといふやうに咲き、鳥が一疋、丘の上を鳴き続けながら通って行きました。

ジョバンニは、頂の天気輪の柱の下に来て、どかどかするからだを、冷たい草に投げました。

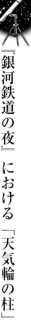

（第十一巻、133－134頁）[3]

これを読むと〝天気輪の柱も見わけられたのでした〟とある。さらに〝天気輪の柱の下に来て、どかどかするからだを、冷たい草に投げました〟という文章からも、天気輪の柱は何らかの構造物であることがわかる。

ここで紹介した文章は『銀河鉄道の夜』の最終形、第四次稿のものである。第三次稿を読んでみると、天気輪の柱に関して、別の情報を得ることができる。物語の最後の部分だが、第四次稿では消えてしまったブルカニロ博士がジョバンニに語り掛ける場面がある。[3]

「ありがたう。私は大へんいゝ実験をした。私はこんなしづかな場所で遠くから私の考を人に伝へる実験をしたいとさっき考へてゐた。お前の云った語はみんな私の手帳にとってある。さあ帰っておやすみ。お前は夢の中で決心したとほりまっすぐに進んで行くがいゝ。そして、これから何でもいつでも私のとこへ相談においでなさい。」

「僕きっとまっすぐに進みます。きっとほんたうの幸福を求めます。」ジョバンニは力強く云ひました。「あゝではさよなら。これはさっきの切符です。」博士は小さく折った緑いろの紙をジョバンニのポケットに入れました。そしてもうそのかたちは天気輪の柱の向ふに見えなくなってゐました。

（第十巻、176頁）

ブルカニロ博士は天気輪の柱の向こうに見えなくなってしまった。つまり、天気輪の柱は、ブルカニロ博士を隠せる程度の大きさを持ち、かたちのある構造物であることになる。

もう一つの天気輪：文語詩「病技師〔二〕」に見る天気輪

天気輪という言葉が出てくる賢治の作品は『銀河鉄道の夜』だけではない。文語詩「病技師〔二〕」にも出てくる。[3]

あえぎてくれば丘のひら、　地平をのぞむ天気輪

（第七巻、160頁）

校異篇を見てみると、この詩の下書稿は次のようになっている。[3]

あえぎてくれば丘をおり　地平をのぞむ五輪塔

（第七巻、校異篇、502頁）

賢治の住む岩手県に五輪峠と呼ばれる峠がある。花巻市、遠野市、そして奥州市の境界にある峠で、標高は556メートルである。この峠の頂に五輪の塔がある（文献5の277-279頁参照）。この文脈で考えると、「病技師〔二〕」に出てくる天気輪は五輪峠にある五輪の塔を意味する。

では、『銀河鉄道の夜』に出てくる天気輪の柱はこの五輪塔をイメージしてつくられた言葉なのだろうか。答えはノーである。なぜなら、書かれた時期の問題がある。時系列でいうと、まず『銀河鉄道の夜』に天気輪の柱という言葉が出てくる（初期形は1924（大正13）年に書かれている）。一方、「病技師〔二〕」は文語詩稿であり、賢治の晩年に書かれたものだ（1931（昭和6）年以降）。したがって、「病技師〔二〕」に最初に書かれていた五輪塔が消され、天気輪に置き換えられただけであり、天気輪の柱＝五輪塔という図式にはならないのである（文献5の495-498頁参照）。この図式になり得るのは、「病技師〔二〕」が『銀河鉄道の夜』の初期形の前に書かれている場合である。

「天気輪の柱」の位置づけ

「天気輪の柱」についてはこれまでにも多くの論考がなされている。しかしながら、そもそも実在するものなのかどうかもわかっていない。実際、『定本 宮澤賢治語彙辞典』[5]を紐解いてみると、まずこう書かれている。

……おそらくは賢治の造語。賢治の描写が具体性を欠くため諸説ある。（496頁）

そして、もう一言。

……天気輪の柱の設定は実に巧妙で、この童話の要の役割を果たしている。（497頁）

まさに、その通りである。そのため、多くの賢治研究者が天気輪の柱の謎解きに挑戦してきた歴史がある。

ところで、米国生まれでオーストラリアの作家であるロジャー・パルバースは『銀河鉄道の夜』を英訳している。[6] そこでは、「天気輪の柱」は次のように記されている。

The pillar of the weather station（61頁）

…………The weather station pillar（65頁）

ここで weather station は気象台のことを意味する。おそらく、天気＝気象という図式をイメージしたのだろう。つまり、パルバースによれば「気象台の柱」ということになる。

結局のところ、多くの賢治研究者がさまざまな説を提案している。個別に紹介するのは大変なので、ここでは主として次の三つの文献に準拠して行うことにする。

A. 中地文「天気輪の柱」[7]　47頁

B. 垣井由紀子「天気輪の柱」[8]　177-179頁

C. 原子朗『定本　宮澤賢治語彙辞典』[5]　495-498頁

実在するのか、しないのか

天気輪の柱が賢治の造語だとしても、一体何を意味しているのだろうか。先に紹介したように、天気輪の柱は構造物のようである。実在するのであれば、問題はない。ただ、その実在するものが何であるかを知っているのは賢治だけで、私たちは知らないということだ。

そこで、まず実在するかどうかで分類してみると、次のようになる。

・実在しない場合：天気輪の柱は賢治の想像上の産物である（おそらく、宗教に関連する）
・実在する場合：何らかのモデルが存在する

モデルがある場合さらに次の2種類に分類される。

（1）名前の通り、〝柱状の構造物〟がある
（2）柱状の構造物ではないが、それを想起させるような現象がある

ここで、（2）の現象は、自然現象と考えてよいだろう。以上をまとめると、図31のようになる。

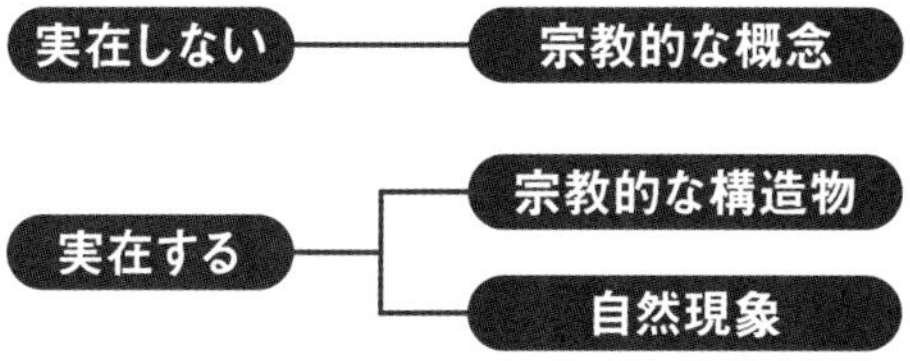

図31　天気輪の柱の候補の大分類.

この図に示したのは、大まかな分類である。例えば、実在しない場合は宗教的な概念としたが、宗教的ではない可能性もあるだろう。いずれにしても、実在はせず、何か想念上のものであるという意味に捉えておいて欲しい。実在する場合も、構造物には宗教的な構造物を当てはめたが、ひょっとすると宗教とは無関係な構造物の可能性は否定できない。このように、状況はかなり複雑である。

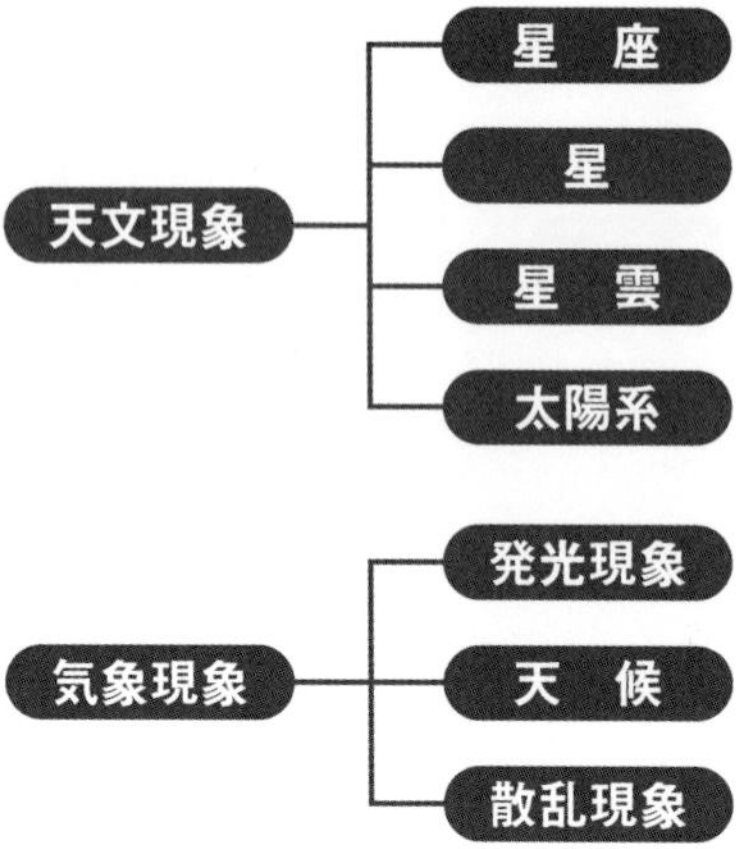

図32　天気輪の柱の候補となる自然現象のまとめ.

さて、実在する場合の候補として、自然現象を挙げた。候補になり得るものをまとめると、図32のようになる。大きな分類としては、天文現象と気象現象にした。[1]天文現象としては、星座、星、星雲、そして太陽系内の物質に起因するケースを考えることにした。一方、気象現象では夜空の発光現象、雪などの天候に起因するもの、そして大気の散乱現象を挙げておいた。とりあえず、これらの作業仮説を採用して、考察を進めてみよう。

「天気輪の柱」の候補

それでは、図31と図32のガイドラインに沿って、「天気輪の柱」の候補を順に検討していく。

表12　天気輪の柱：実在しないとする説

	説	備　考	文献 †1	提唱者
1	五輪説	五輪に欠けている天輪	—	伊藤孝博 †2
2	宇宙柱（cosmic pillar）	地上と天界を結ぶ柱	A, B	上田　哲
3	旧約聖書『創世記』ヤコブの「天の門」	ヤコブが夢で見た天へ続く階段	A, B	松田司郎
4	輪廻円環	摩尼車からの連想	C	原　子朗
5	「天」の「気」を回転させる（「輪」）	「天気」ではなく「天」の「気」	A, C	中地　文
6	人間の死に至る回路		C	別役　実

†1 150頁に挙げた文献．“—”はA，B，Cの文献で紹介されていない説．
†2 文献9参照．

“実在しない”とする説

まず、実在しないとする説をまとめておく（表12）。

ここで、五輪説の「五輪」は宇宙のすべてを五根本要素（地水火風空）に還元し、人体も五要素からなる小宇宙と見なす密教の宇宙観である。たしかに、五根本要素には「天」が含まれていない。それが、伊藤孝博の提唱する五輪説になるが、[9] 説明を見ておくことにしよう。

……賢治が「五輪」的宇宙観に深い関心をもっていたことと、それを彼なりのものとして咀嚼した上でなお〈この五つだけでは欠ける相がある〉と感じていた気配があることをおさえておけばよいだろう。

この「不足する相」を賢治が「天輪」として付け加え、それが「銀河鉄道の夜」で「天氣輪」のイメージに結実した可能性も、一つの見方としてありうると思われる。

二番目の候補である「宇宙柱」について補足しておこう。一般に、宗教では地上界（俗なる空間）と天上界（聖なる空間）とを区別する。そして、地上界から天上界に行くには、何らかの移動の道を用意する。それが通称〝宇宙柱（cosmic pillar）〟と呼ばれるものである。この宇宙柱は、その名前の通り、柱であってもよい。また、棒や梯子や塔でもよい。この文脈で考えれば、天気輪の柱はまさに宇宙柱の象徴として捉えることも可能になる。このアイデアは上田哲が「『銀河鉄道の夜』―賢治の異空間体験」[10]で解説している。

最後の別役実の説は、原著が不明なので詳細はわからないが、〝人間の死に至る回路〟と捉えるアイデアである。ジョバンニは、天気輪の柱のある丘の上から一挙に天上へ移動し、銀河鉄道の乗客となった。銀河鉄道の乗客は、ジョバンニを除けば、死出の旅路へ向かう人たちばかりが乗り込んでいた。つまり、〝天気輪の柱→銀河鉄道→死〟という、人間の死に至る回路に見立てることができる。この場合、天気輪の柱は回路への入り口の役目を担っていることになる。推察の域を出ないが、別役はこのように考えたのかもしれない。

実在する宗教的構造物

次は、実在する場合だが、宗教的構造物にまつわる説をリストアップしよう。

表13に示したように、賢治の宗教性を考慮すると、天気輪の柱に関してまったく別な議論が展開で

きる。

候補の3と5だが、『定本 宮澤賢治語彙辞典』[5]によれば、地蔵車（念仏車、菩提車、あるいは血縁車とも呼ばれる）などは東北地方の風習で、天候を祈ることと、亡くなられた方々の菩提を弔うために、寺、墓地、または村境に立てられた柱のことである。

また、これに関連するが、三番目の候補である「お天気柱」は名前を見ると〝天気〟がついているので、関連性が高いと考えられている。これは盛岡市の北部にある曹洞宗の寺院、清養院の山門の入り口に立っている。賢治は盛岡中学時代、2か月間この寺に下宿していたので、この柱のことをよく知っていたはずである。つまり、この「お天気柱」から天気輪の柱を思いついた可能性はあるだろう。

さらに、四番目の候補である花巻市の松庵寺にある法輪も興味深い候補である。なぜなら、松庵寺は賢治が子どもの頃によく遊んでいた寺だからだ[11]。

最後の七番目の候補は南昌山（岩手県矢巾町と雫石町の境にある）の山頂にある石柱群である（図33）。これらの石柱は天気の好転（晴れて欲しいときは晴天、雨が欲しいときは雨）を願うためのものである。その意味では、〝天気〟の〝柱〟ということで、無理なく結びつく。南昌山は賢治が盛岡中学校時代に友人の藤原健次郎とよく登った山だ。松本隆はこの石柱群こそ天気輪の柱ではないかと推察している（『童話『銀河鉄道の夜』の舞台は矢巾・南昌山―宮沢賢治直筆ノート新発見』[12]）。

表 13　天気輪の柱：実在する宗教的構造物説

	説	備考	文献[†1]	提唱者
1	五輪塔	文語詩「病技師〔二〕」	A, B, C	*[†2]
2	五輪塔 ＋ 梯子	仏教の五輪塔の宇宙観を規定に持ちつつ，キリスト教の神と人間世界とをつなぐ梯子を合わせたアイデア	B	大塚常樹
3	盛岡市清養院門前の「お天気柱（後生塔）」	地蔵車，念仏車，菩提車，血縁車も類似の構造物（原子朗の指摘）	A, B, C	萩原昌好
4	花巻市松庵寺境内の「法輪（車塔婆）」		A, B	吉見正信
5	念仏車，転宝輪	文献 C の備考も参照	A, B	中地　文
6	法華経「法華経見宝塔品」の「七宝の塔」	文献 A では“大気光学的現象”との但し書きあり．斎藤文一は“光る雲の円錐体”という表現でまとめている	C	斎藤文一
7	南昌山の山頂にある石柱群		—	松本　隆

†1 文献は表 12 と同じ．“—”は以下の文献で紹介されていない説．

†2 文語詩「病技師〔二〕」に準拠．提唱者の欄にある“*”はとくに提唱者を特定できない場合．

図 33　南昌山の頂上付近に置かれている石柱群．［撮影：畑英利］

なお、宗教的な構造物ではないが、水沢臨時緯度観測所にあった眼視天頂儀説を紹介しておこう。これは、天気輪という言葉を、「天」「気」「輪」と分けて考える方法に相当する。この場合、次のような対応関係になる。

「天」＝天の方向
「気」＝雲
「輪」＝筒のようなもの

寺門和夫が『「銀河鉄道の夜」フィールド・ノート[13]』で提案したアイデアは〝水沢臨時緯度観測所にあった眼視天頂儀（星の位置を精密に測定するための細長い筒状の望遠鏡）〟である。賢治は何回か水沢臨時緯度観測所を訪れているので、眼視天頂儀を見て感銘を受けた可能性はある。

自然現象としての「天気輪の柱」

自然現象の候補

次に、自然現象に由来する説を議論していくことにしよう。

賢治は昼夜を問わず、山や野を駆け巡り、自然の世界を堪能していた。したがって、自然現象からさまざまなインスピレーションを得ていただろう。

自然現象の候補として、まず、天の川に見える星々や星雲がある。星々はさまざまな星座をかたちづくり、物語と結びついている。また、気象現象も賢治を楽しませたはずである。雪や雨すらも、賢治の友達だからだ。

そこで、少し趣向を変えて、天気輪の柱の候補を自然現象に探してみることにしよう。

天の川に由来する候補

まず、天の川の中にある天体に由来する説をまとめておこう（表14）。

ここで、紫微宮《しびきゅう》説は次のようなアイデアである。

表 14　天気輪の柱：実在する天の川の天体に由来する説

	説	備　考	文献 †1	提唱者
1	紫微宮説	三つの星座に由来	B	中野美代子
2	きりん座	天の“きりん”で“てんきりん”	A, B	杉浦嘉雄, 藤田栄一
3	星	『銀河鉄道の夜』では星が三角標と呼ばれている	C	杉浦嘉雄
4	北極星	北に見える星（三角標）の代表	C	垣井由紀子
5	Twinkling	星の瞬きを意味する英語を“テンキリン”と読み換える	B	竹内　薫, 原田章大
6	星　雲	光る雲の円錐体（こと座の環状星雲）	C	斎藤文一

†1 文献は表 12 と同じ.

中野美代子（文献3についている「月報Ⅰ」［註：これは第八巻の月報］）は、「海の底のお宮」が竜宮を指すことから、中国の天文学の竜座、麒麟座、ケフェウス座中の3星を結んだ、紫微宮に当たる「天の麒麟の輪」と解釈する。

この紫微宮説が正しければ、天気輪は「天」「麒麟（輪）」、つまり、「天気」「輪」ではなく、「天」「気輪」と分けることになる。なお、学術用語としては「星座名には漢字を用いない」という規則があるので、「りゅう座」、「きりん座」が正しい表記である。

次の文章がある。[3]『銀河鉄道の夜』の第六節「銀河ステーション」に、

「あゝ、ぼく銀河ステーションを通ったらうか。いまぼくたちの居るとこ、ここだらう。」ジョバンニは、白鳥と書いてある停車場のしるしの、すぐ北を指しました。

（第十一巻、136頁）

これを読むと、銀河ステーションの出発地は、星座でいうとケフェウス座になる。そのため、紫微宮説にも一理あるだろう。

次は「きりん座」説である。夏の季節、夜のしじまがおりてくる頃、北の空に「きりん座」の二つの星、α星とβ星が鉛直方向に並んで見える。これが、天の柱のように見えるので、天気輪の柱の候補とされたのである。ただ、「きりん座」のα星とβ星は4等星であり、目立つ星ではない。

三番目と四番目の説は〝星〟そのものを候補とするアイデアである。このアイデアは『銀河鉄道の夜』の第六節、「銀河ステーション」の書き出しの部分に影響を受けたものである。[3]

そしてジョバンニはすぐうしろの天気輪の柱がいつかぼんやりした三角標の形になって、しばらく蛍のように、ぺかぺか消えたりともったりしているのを見ました。それはだんだんはっきりして、とうとうりんとうごかないようになり、濃い鋼青のそらの野原にたちました。いま新らしく灼いたばかりの青い鋼の板のような、そらの野原に、まっすぐにすきっと立ったのです。

（第十一巻、134－135頁）

この文章を読むと、天気輪の柱は三角標へと姿を変える。『銀河鉄道の夜』では三角標は星を意味する。そこで、天気輪の柱を星と見なすのである。

また、垣井由紀子はジョバンニが向かった天気輪の柱のある丘は北の方向にあったので、北の空に見える代表的な星として北極星を選んだ。

五番目の説は異色である。星が瞬くことは、英語では twinkle（トゥインクル）という。ご存じのように、この言葉は『銀河鉄道の夜』に出てくる。第九節「ジョバンニの切符」で、青年と船に乗り込んできた女の子の言葉を見てみよう。[3]

「ええ、けれど、ごらんなさい、そら、どうです、あの立派な川、ね、あすこはあの夏中、ツインクル、ツインクル、リトル、スター　をうたってやすむとき、いつも窓からぼんやり白く見えていたでしょう。あすこですよ。ね、きれいでしょう、あんなに光っています。」

（第十一巻、152頁）

これにヒントを得て、竹内薫と原田章大は星の瞬きを意味する動名詞 twinkling をテンキリンに置き換えたのである。

最後は斎藤文一の星雲説である。ただ、斎藤は〝光る雲の円錐体〟という言葉にこだわっているので、必ずしも星雲である必要はない。しかし、この説を展開する前振りとして、こと座の環状星雲について触れている。

『銀河鉄道の夜』の第五節には、以下の面白い一文がある。[3]

そしてジョバンニは青い琴の星が、三つにも四つにもなって、ちらちら瞬き、脚が何べんも出たり引っ込んだりして、たうたう蕈《きのこ》のように長く延びるのを見ました。（第十一巻、134頁）

「こと座」にはベガの他にも、その南東側（図では左下方向）に四つの目立つ星が見える。β星、γ星、δ星、そしてζ星が平行四辺形のかたちで並んでいる。つまり、〝三つにも四つにもなって〟という表現は、これら四つの星のことを意味していると考えられる。

さて、次の奇妙な表現がある。

引っ込んだりして、たうたう蕈のように長く延びるのを見ました。

これはおそらく、β星とγ星の間に見える惑星状星雲　M57（図34）のことを意味していると考えてよい。

蕈＝M57。この可能性は、すでに斎藤が指摘したことである（文献14の71頁参照）。しかも、このことも考慮に入れて、総合的な判断として、斎藤は天気輪の正体について次の提案をした（同書、72頁参照）。

天気輪＝光る雲の円錐体

この正体がM57ならば、雲は空に浮かぶ雲ではなく、銀河系の中にある星雲なので、天文学的な解釈になる。

図34　環状星雲M57．賢治が「魚の口（フィッシュマウス）」と名づけた星雲である．［撮影：畑英利，撮影地：長野県富士見町・八ヶ岳タマ天文台］

図 35　アイスランドで観測された太陽柱の例.［撮影：畑英利］

地球に由来する候補

次は、地球に由来する説を見ておこう（表15）。

最初の候補である太陽柱（サン・ピラー）は、空気中の氷の影響で見える柱状の構造である（図35）。雲の中の水分が凍りつき、六角板のような氷晶ができることがある。それらが太陽の光を反射して柱のように見えているものである。

ただし、この太陽柱が見えるのは、名前に太陽がついているように、太陽の光がないと見えない。また、太陽の光を反射して、私たちの目に見える構造なので、太陽は地平線近くにある必要もある。そのため、観測されるのは日没や日の出の時間帯だけになる。

地球に由来する候補としては〝地球の大気の発光現象〟もある。それを表16に示す（詳細は文献1参照）。オーロラ、赤気、スプライト、スティーヴ、そして夜光の5種類

表 15　天気輪の柱：地球に由来する説

	説	備　考	文献[†1]	提唱者
1	太陽柱		A, B, C	根本順吉
2	北極軸	北極軸の具象化と神聖化	B	香取直一

†1 文献は表 12 と同じ.

表 16　地球大気起源の天気輪の候補

候　補	存在場所	形　状	色	見える時間帯
オーロラ	上層大気	帯状	青，緑，赤	夜
赤　気	上層大気	帯状・舌状	赤	夜
スプライト	上層大気	線状	白	夜
スティーヴ	上層大気	線状	白	夜
夜　光	上層大気	無構造	白	夜

の夜空の発光現象がある。最初の四つの画像を、図36に示した。

オーロラは北極や南極に近い場所でしか見ることができないが、その他の現象は日本のような緯度の低い地方でも観測することはできる。赤気は低緯度オーロラだが、当時、1909（明治42）年9月25日～26日にかけて、日本でこの赤気が見えたとの記録が残っている。スプライト（sprite）は妖精という意味だが、まさに上空100キロメートルの高度で舞うため、赤い妖精のように見える。ただし、見えている時間はわずか0・1秒間程度でしかない。したがって、見ることは難しいが、その存在は18世紀から知られていた。

ちなみに放電現象ではないかと推察されたのは1925（大正14）年のことで、不思議なことに賢治の生きていた時代のことだった。スティーヴはまだよく理解されていない発光現象だが、観測されはじめたのはこ

図 36　（左上）オーロラ,（右上）赤気,（左下）スプライト,（右下）スティーヴ.［（オーロラ）撮影：Brocken Inaglory, CC BY-SA 3.0 via Wikimedia Commons,（赤気）撮影：畑英利，オーストラリア，タスマニア島,（スプライト）撮影:Abestrobi, CC BY-SA 3.0 via Wikimedia Commons,（スティーヴ）撮影：Elfiehall, CC BY-SA 4.0 via Wikimedia Commons］

こ数年のことなので、賢治は見ていない。

表16で紹介した、もう一つの現象は夜光である。夜光（大気光）は地球の大気に含まれる分子、原子、およびイオンが発光する現象だが、非常に淡い光である。現在では街の灯りが明るすぎて、夜光の存在に気がつく人はいないだろう。しかし、いまから100年前、つまり、賢治の生きていた時代、花巻周辺の山に行けば見ることができたかも知れない。賢治は夜の山歩きが大好きだったから、見た（あるいは、感じた）可能性はある。実際、2020（令和2）年6月、岩手県の種山ヶ原で撮影した写真には夜光が写っている（図29参照[15]）。

夜光説には斎藤による「強化された夜光説」がある。[16] これは賢治の初期短編綴「柳沢」に出てくる次の文章がきっかけになっている。[3] 岩手山登山をした賢治が真夜中の柳沢で見た光景である。

> はてな、山のてっぺんが何だか白光するやうだ。何か非常にもの凄い。
> （第十二巻、255頁）

つまり、たまたま夜光が強化された時期があり、賢治にとっても驚くべき光景が展開されたということである。なお、このときの登山は1917（大正6）年10月21日に行われたと推定されている。[17] ところで、図30の黄道光の写真は10月18日に撮影されたものだ。賢治の「柳沢」に描かれた岩手山登山の日付とほぼ同じである。

表17　太陽系起源の天気輪の候補

候　補	存在場所	形　状	色	見える時間帯
黄道光	太陽系の黄道面	舌　状	白	日没・夜明け
対日照	太陽系の黄道面	円・楕円	白	真夜中

黄道光と対日照

太陽系のダスト

次は天文編である。ここで紹介するのは、天の川の中にある天体（星や星雲）の光ではなく、太陽系にあるダスト（塵粒子）の反射光である（表17）。2種類あり、黄道光と対日照だ。

太陽系の円盤部（黄道面）には、太陽が生まれた元になった分子ガス雲に含まれていたダストがある。また、彗星が太陽に近づくと、ダストを撒き散らして去って行く。多くの場合、彗星核は太陽系の外縁にあるが、こうして太陽系の内側にダストを運んで来てくれる。こうして、黄道面にはダストが蓄積されるが、太陽光を反射するので観測可能になる。それが図30で見た「黄道光」と「対日照」と呼ばれるものである。空の綺麗なところであれば、十分に肉眼で見ることができる。おそらく、賢治も何回も見たのではないだろうか。当時の花巻の夜空は〝すきとほって〟いたはずだからだ。岩手山で眺めた黄道光については、さきほど「夜光説」で紹介

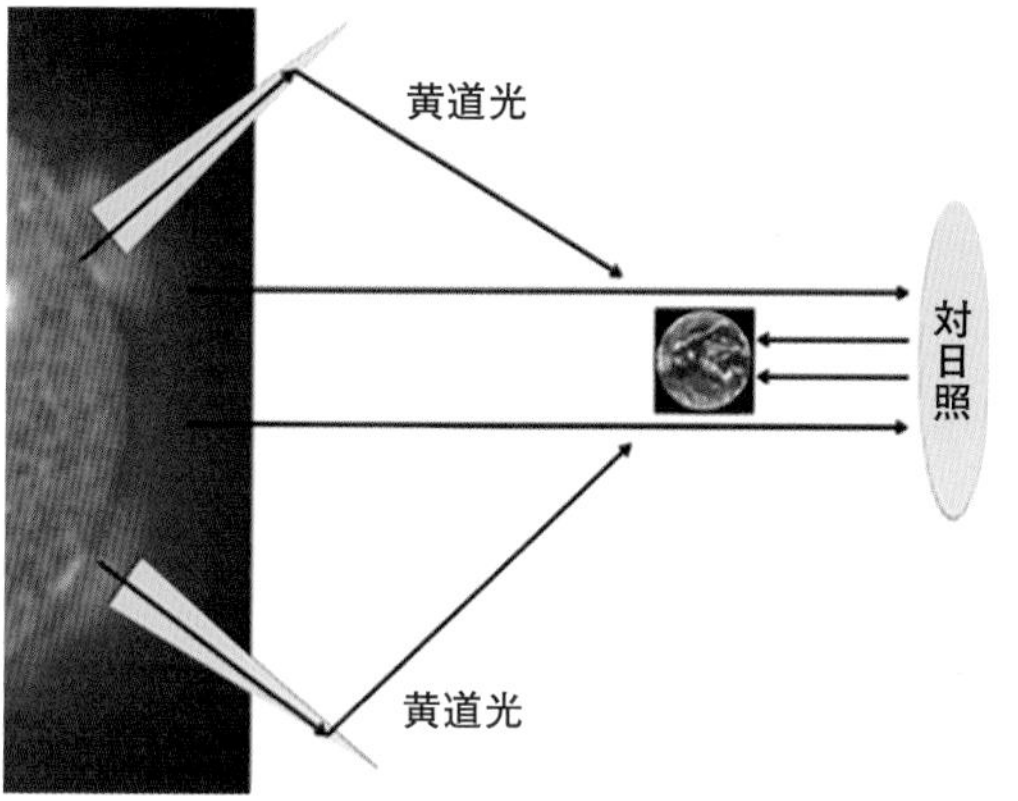

図 37　黄道光と対日照．それぞれ太陽光を反射して見えている（太陽は左側にある）．ダストの分布を黄色で示したが，実際にはダストは黄道面全体に広がっていて，太陽に近いほど密度が高いことに注意．また，太陽光のダストによる反射を示す補助線はそれぞれ１本しか描いていないが，多数のダストによる反射光として黄道光や対日照が見えることにも注意されたい．

した斎藤による『宮沢賢治と銀河体験[16]』にも出てくるので参照されたい。

対日照は真夜中に見える黄道光である。太陽と反対の方向に見えるためである。太陽の反対方向で、地球より遠方にあるダストが太陽の光を反射する。この場合、正面反射光になるので、反射率が高いために見える。とはいえ、ダストの存在量そのものは少なくなるので、ふつうの黄道光に比べるとかなり暗い。

黄道光と対日照が見える原理を図37にまとめた。いずれも黄道面にあるダストが太陽光を反射して見えているが、見ている領域が異なっていることに注意されたい。

賢治は淡く輝く宇宙塵を見ていた

　では、賢治は黄道光と対日照を見ただろうか。賢治が見た可能性は高いだろう。なぜなら、賢治は中学二年生の頃から星に夢中になり、夜な夜な家の屋根に上り、飽きずに星を見ていたからだ[18]。当時の花巻は空気が澄んでいて、町の灯りは暗かった。つまり、天の川や淡い光芒である黄道光や対日照は、格段に見やすかったはずだ。そこで、文献1では、〝天気輪の柱〟の天文学的解釈として対日照を候補として挙げた。

　斎藤は『宮沢賢治とその展開―氷窒素の世界』[19]の中で、賢治は黄道光のことを「光の棒」という言葉で表現していたと記している。光の棒という言葉を、いろいろなところで賢治は用いたし、好きな言葉のひとつであった。（32頁）。

---

o　賢治の作品を調べてみると、「光の棒」という言葉が出てくるのは「光のすあし」だけである（第八巻、281頁）。しかし、すっかり夜が明けたときに出てくるので、黄道光には該当しない。『【新】校本 宮澤賢治全集』の索引[3]で調べてみると、作品全体で「棒」という言葉が登録されているのは、「セロ弾きのゴーシュ」（第十一巻、本文篇）と『ポラーノの広場』（第十一巻、校異篇）のみで、わずか2回である。いずれもふつうの木の棒のことである、黄道光を意味するものではない。また、「光のすあし」には「光の棒」の他に「日光の棒」もあるが、これらは索引に登録されていない。「黄道光」＝「光の棒」という表現を、賢治は日常生活では用いていたが、作品には活かさなかったということだ

ろうか。明瞭に黄道光の様子が出てくるのは「ポランの広場」だけのようだが、そこでは「光の棒」ではなく「x」という文字のかたちで出てくる。

そして、賢治が黄道光を見ていたとする証拠がある。それは、賢治の劇「ポランの広場」である。[3]

山猫博士（起きあがる）「あゝ、こゝは地獄かね、おや、ポランの広場へ逆戻りか。いや、こいつはいけない。えゝと、レデース　アンヂエントルメン、諸君の忠告によって僕は退場します。さよなら。」（すばやく退場、みんなひどく笑ふ。拍手、コンフエットウ。）
葡萄園農夫（演壇に立つ。）「諸君、黄いろなシャツを着た山猫釣りの野郎は、正にしっぽをまいて遁げて行った。つめくさの花がともす小さなあかりはいよいよ数を増し　そのかほりは空気いっぱいだ。見たまへ。天の川はおれはよくは知らないが、何でも×といふ字の形になってしらじらとそらにかかってゐる。かぶとむしやびらうどこがねは列になってぶんぶんその下をまはってゐる。愉快な愉快な夏のまつりだ。誰ももう今夜はくらしのことや、誰が誰よりもどうだといふやうな、そんなみっともないことは考へるな。おゝ、おれたちはこの夜一ばん、東から勇ましいオリオン星座がのぼるまで、このつめくさのあかり照らされ、銀河の微光に洗はれながら、愉快に歌ひあかさうぢゃないか。

（第十二巻、348頁）

ここで着目すべき点は、葡萄園農夫の言葉である。

見たまへ。天の川はおれはよくは知らないが、何でもxといふ字の形になってしらじらとそらにかかってゐる。

なんと、天の川がxの文字のように見えているといっているのだ。これは、まさにこの章の最初に示した図30で見た光景である。

ポランの広場は１９２７（昭和２）年６月27日の夜の出来事が描かれている。科学評論家として有名だった草下英明は『宮澤賢治と星』[20]の中で、この日の天の川と黄道光の見え方を調べている（図38）。なるほど、xの文字が見えている。幸い、黄道は天の川と約60度傾いているので、重なって見えることはない。賢治は明らかに夜空に広がる見事な黄道光を見たのだ。

さて、ポランの広場での宴席は夜を徹して行われたようだ。次の一文があるからだ。[3]

おゝ、おれたちはこの夜一ばん、東から勇ましいオリオン星座がのぼるまで、このつめくさのあかり照らされ、銀河の微光に洗はれながら、愉快に歌ひあかさうぢゃないか。

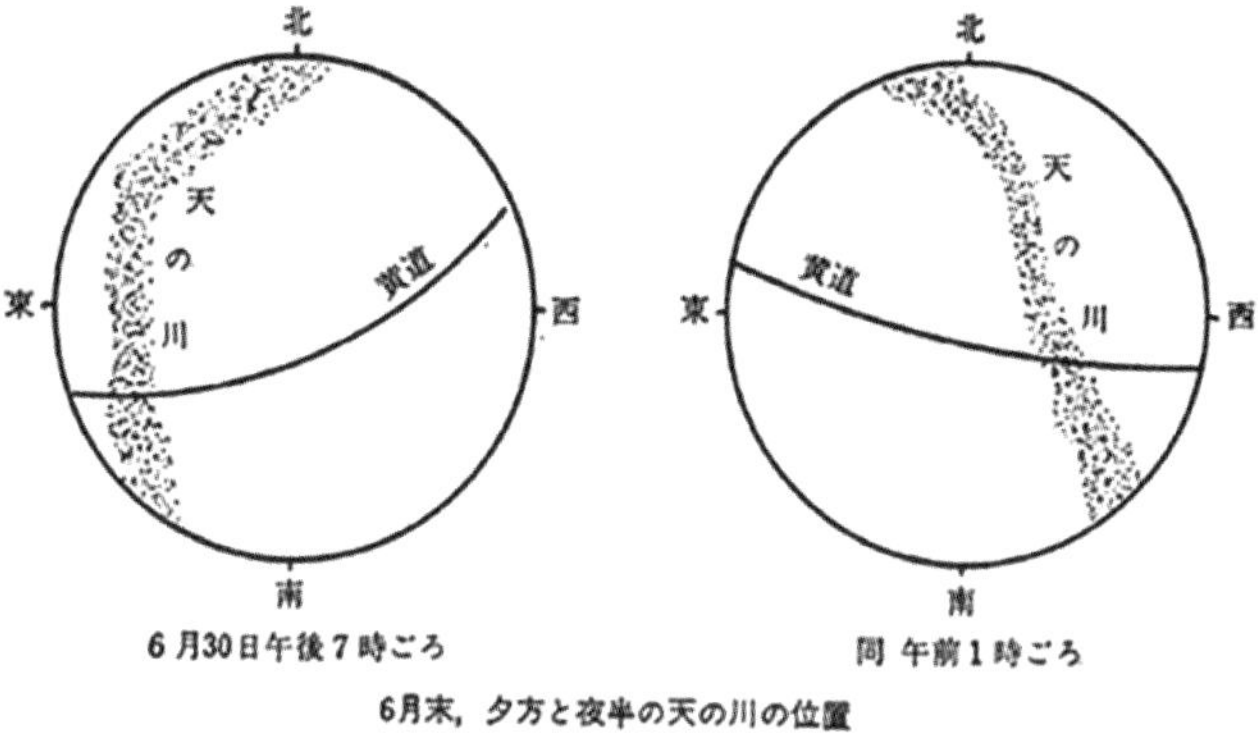

図 38　1927 年 6 月 30 日の夜空.（左）午後 7 時頃,（右）真夜中の午前 1 時頃.［文献 20 の 138 頁に出ている図］

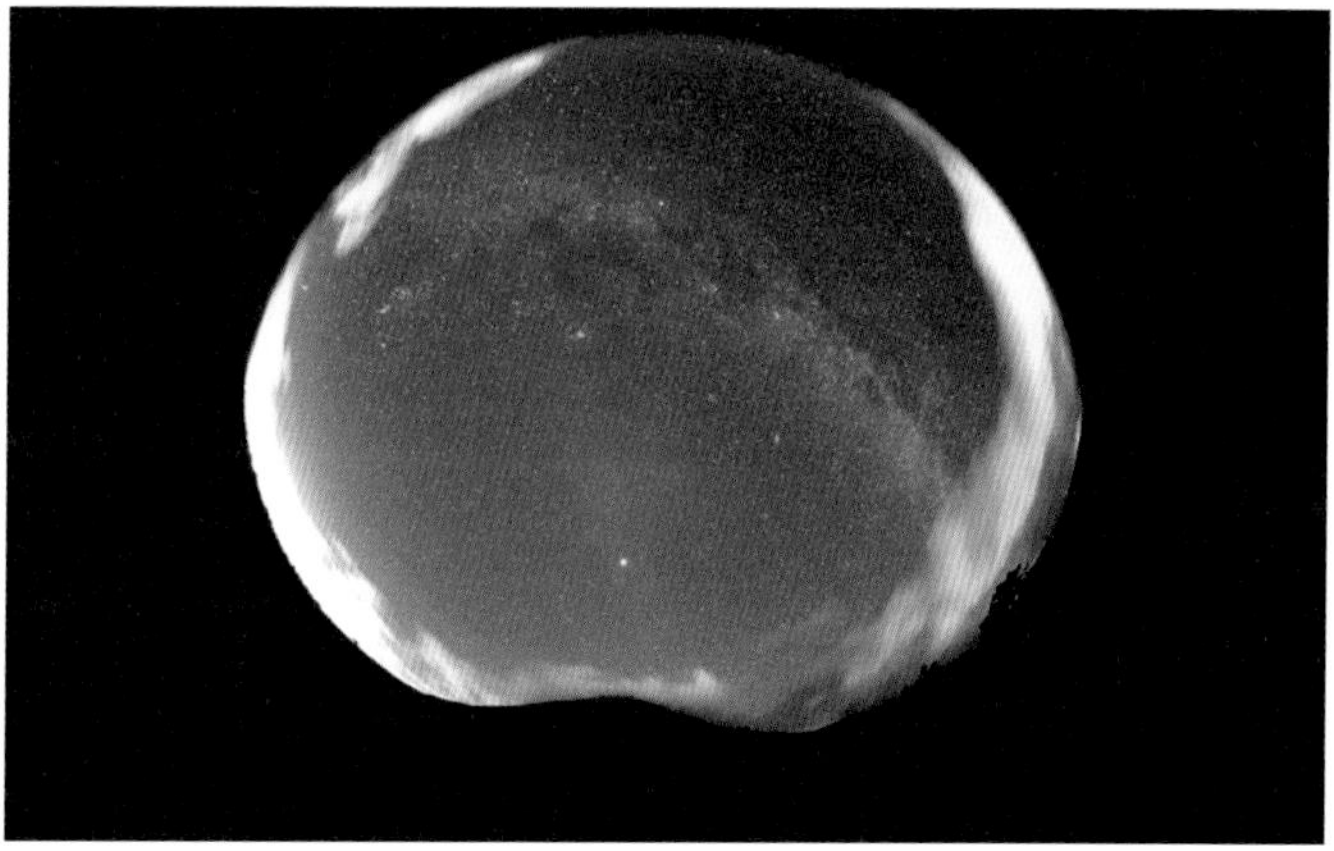

図 39　岩手山の上に見える真夜中の対日照：中央下から，やや左上に向かう光芒．中央下に見える明るい星は火星．右上にはアンドロメダ銀河も見えている．［撮影：畑英利，2020 年 10 月 24 日午前 1 時，岩手山焼走にて］

真夜中に見える黄道光は対日照である。もう x の文字は見えにくくなっていただろうが、天頂が白々と輝く光景は美しかっただろう。ここで、岩手山で実際に見られた対日照を見ておこう（図39）。

おそらく、賢治は黄道光のみならず、対日照も見ていた。こう結論してもよいだろう。斎藤も『宮沢賢治とその展開―氷窒素の世界』[19]の中で、賢治は黄道光をよく見ていただろうとしている。つまり、黄道光は見慣れたものだった。しかし、秋から冬の夜半に見える対日照は黄道光に比べて淡く、天頂付近に見えるので、特別な印象を持っていたかもしれない。文献1では「天気輪の柱＝対日照」の天文学的解釈を提案したが、あながち的外れではなかったのかもしれない。

結語

ここまで、天気輪の柱の候補としてさまざまな説を紹介してきた。果たして、いままで見てきた候補の中に天気輪の柱があるのだろうか。正直なところ、よくわからない。

私たちは天文学者なので、自然現象にこだわって検討し、結果的には対日照が最も確率の高い候補として残った。ただし、〝自然現象の中から選べば〟という条件つきのことである。やはり何らかの構造物のほうが、天気輪の柱に関する賢治の説明とは整合性がよいと考えている。

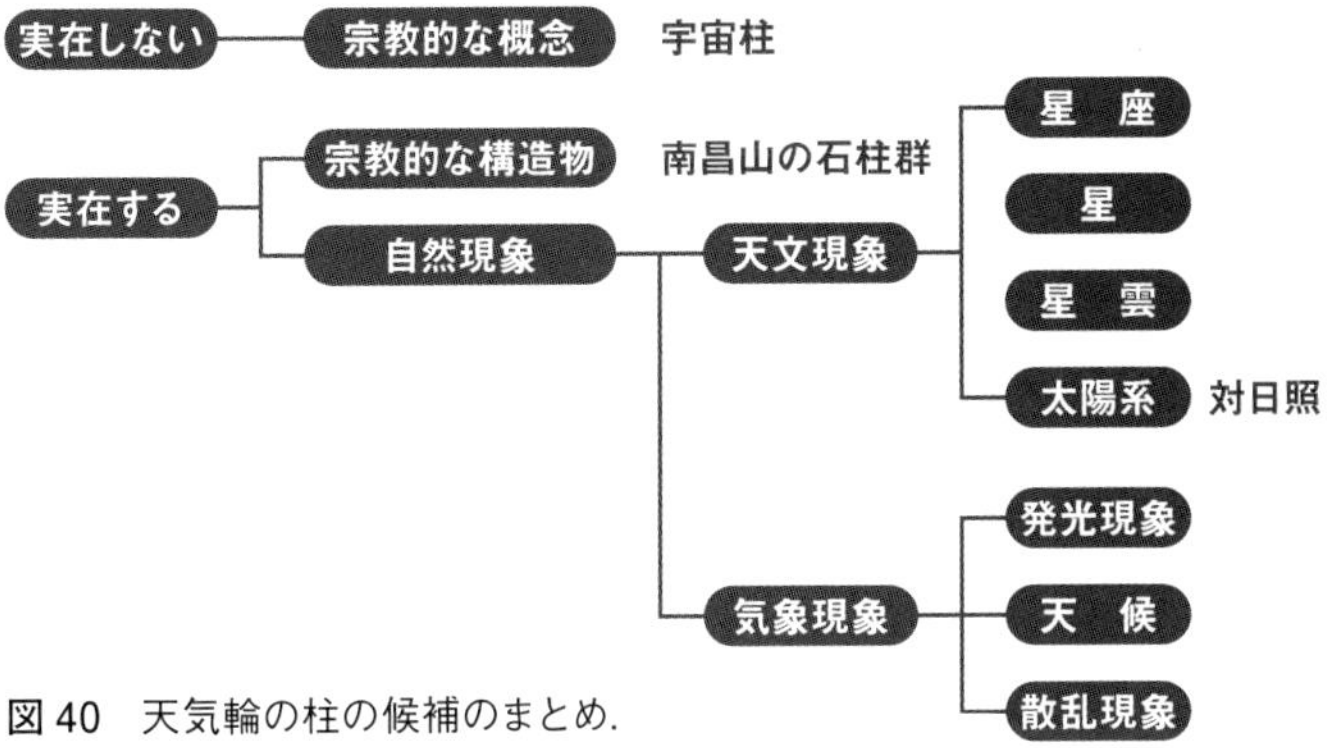

図40　天気輪の柱の候補のまとめ.

正解はわからないにしても、いままで出てきた候補をまとめておこう（図40）。もし実在しないものであれば、宇宙柱がよい候補になるだろう。また、宗教的な構造物の場合は、南昌山の頂上付近に並べられた石柱群が最もフィットするように思われる。そして、自然現象であるとすれば、対日照が馴染むということである。

もちろん、いままでに挙げた候補の中に、真の答えがないこともあるので、注意が必要である。「天気輪の柱」、これは賢治が私たちに遺してくれた最大の謎、あるいはプレゼントなのではないだろうか。賢治に深く感謝して、本章を終えることにしよう。

参考文献

1　谷口義明『天文学者が解説する宮沢賢治『銀河鉄道の夜』と宇宙の旅』光文社（光文社新書）、2020
2　本田親二『天文學概論』教育研究會、1931
3　『【新】校本 宮澤賢治全集』全16巻、別巻1（全19冊）、筑摩書房、1995

−2009
4 横山又次郎『改訂 天文講話』早稲田大學出版部、1902
5 原子朗『定本 宮澤賢治語彙辞典』筑摩書房、2013
6 ロジャー・パルバース訳『英語で読む銀河鉄道の夜』筑摩書房、1996
7 『國文學 解釈と教材の研究 宮沢賢治『銀河鉄道の夜』と『春と修羅』』4月号、學燈社、1994
8 西田良子編著『宮沢賢治「銀河鉄道の夜」を読む』創元社、2003
9 伊藤孝博『賢治からの切符―「銀河鉄道の夜」想索ノート』無明舎出版、48頁、1995
10 萬田務・伊藤眞一郎編『作品論 宮沢賢治』双文社出版、265−267頁、1984
11 小川金英「「銀河鉄道の夜」と花巻の習俗・信仰」『宮沢賢治 7』洋々社、117−126頁、1987
12 松本隆『童話『銀河鉄道の夜』の舞台は矢巾・南昌山―宮沢賢治直筆ノート新発見』ツーワンライフ、2010、松本隆『賢治が愛した南昌山と親友藤原健次郎 新考察「銀河鉄道の夜」誕生の舞台 物語の舞台が矢巾・南昌山である二十考察』、ツーワンライフ 2014
13 寺門和夫『「銀河鉄道の夜」フィールド・ノート』青土社、24頁、2013
14 斎藤文一『宮澤賢治―四次元論の展開』国文社、1991
15 谷口義明・渡部潤一・畑英利「ジョバンニが銀河鉄道の中から見た、がらんとした桔梗色の空の謎」『天文月報』、第114巻、第6号、6月号、405−415頁、2021
16 斎藤文一『宮沢賢治と銀河体験』国文社、124−142頁、1980
17 藤井旭『賢治の見た星空』作品社、115−117頁、2001
18 宮沢清六「虫と星と」『兄のトランク』ちくま文庫、1991
19 斎藤文一『宮沢賢治とその展開―氷窒素の世界』国文社、1976
20 草下英明『宮澤賢治と星』宮澤賢治研究叢書1、學藝書林、1971

第7章 プレシオスの鎖の解き方

撮影：畑英利，木曽町開田高原

『銀河鉄道の夜』から消えたブルカニロ博士

『銀河鉄道の夜』は推敲が重ねられた経緯がある。最終形は第四次稿になっているが、第四次稿というからには、第一次稿から第三次稿も存在することになる。これらは『銀河鉄道の夜』の〝初期形〟とも呼ばれ、一方、第四次稿は後期形とも呼ばれている。この初期形から後期形への変遷については、『討議『銀河鉄道の夜』とは何か』[1]で詳しく議論されているので参照されたい[p]（変遷の様子は１３１頁に図解されている）。

初期形と後期形の大きな差は章の構成である。それをまとめると、次のようになる。

初期形：第四章の「ケンタウル祭の夜」からはじまる。ただし、第一次稿では、原稿の欠落のため、「銀河ステーション」の途中からはじまるような構成になっている。

---

p　この初期形から後期形への改稿は重要な研究テーマとされ、多くの論考がなされている。例えば、以下の本が参考になる。『宮澤賢治論』[2]、『『銀河鉄道の夜』とは何か』[3]、『「銀河鉄道の夜」物語としての構造—宮沢賢治の聖性と魔性』[4]、『宮沢賢治「銀河鉄道の夜」を読む』[5]、『「銀河鉄道の夜」フィールド・ノート』[6]

後期形：「午后の授業」、「活版所」、そして「家」の三章が最初の部分につけ加えられた。初期形にあった六つの章と合わせて全部で九章の構成になった。これが現在流布している『銀河鉄道の夜』である。

そして、もう一つの大きな差は、初期形に出てきた〝ブルカニロ博士〟が後期形では消えたことである。ブルカニロ博士の名前は第二次稿ではあらわに出てこないが、博士の特徴である〝セロのような声〟をした人は第二次稿にも出てくる。

ブルカニロ博士は主人公のジョバンニたちの教育係という感じもするが、そもそも『銀河鉄道の夜』での出来事そのものが、博士の実験であるように設定されているのである。その意味で、初期形と後期形では童話のコンセプトが大きく変わっているといっても過言ではない。

プレシオスの鎖は解けるのか

さて、第四次稿では消えたブルカニロ博士だが、博士は第三次稿で謎の言葉を残している。

あゝごらん、あすこにプレシオスが見える。おまへはあのプレシオスの鎖を解かなければならない。

（第十巻、175頁）


「プレシオスの鎖」とは何であろうか。そして、なぜそれを解かなければならないのだろうか。

まず、プレシオスだが、これはプレアデス星団、昴《すばる》（図41）のことだと考えられている。原子朗の『定本 宮澤賢治語彙辞典』[7]でも、天沢退二郎らの『宮澤賢治イーハトヴ学事典』[8]（斎藤文一による解説、300頁参照）でもこの解釈が定説として紹介されている。

また、『定本 宮澤賢治語彙辞典』には次の一文がある。


『肉眼に見える星の研究』（吉田源治郎、1922年）の中に旧約聖書ヨブ記の一節「汝プレアデス（昴宿）の鏈索《くさり》を結び得るや」が紹介されている。

（635頁）


『肉眼に見える星の研究』[9]は賢治の愛読書であったことが知られているので、賢治はこの文章に触発されて、ブルカニロ博士の言葉を考えたのだろう。

また、草下英明は『宮澤賢治と星』[10]の中で、『肉眼に見える星の研究』に基づいて、次のように考察している（46頁）。

図 41　（左上）散開星団のすばる．おうし座の方向にあり，太陽系からの距離は 450 光年［東京大学 木曽観測所］（下）散開星団のすばる（写真上側の白いボックスの中）と国立天文台すばる望遠鏡のツーショット．［NAOJ：国立天文台ニュース 2019 年 1 月 1 日号，第 306 巻］

…………………プレアデスと言ふ名称は、多分ギリシャ語のプレイオネス（夥多）といふ字から出たものであらうとのことです。其名を示す如く多数の星が、何か鎖ででも結び合はされてゐるかの如く此処に密集してゐます・・・。…………

この「プレイオネス」が記憶違いされたか、書き誤られたかして「プレシオス」となって『銀河鉄道の夜』にえがかれたのではないかと考えられる。

これをもって、草下は次のように結論している（46頁）。

…………何れにしても、この辺で「プレシオスの鎖」は「昴（プレアデス）の鎖」と断定してもよいだろう。…………

本章でも、この結論を採用することにする。

プレシオスの鎖の意味

プレアデス星団はおうし座の方向に見える散開星団で、太陽系からの距離は410光年である（1光年は光が一年間に進む距離で、約10兆キロメートル）。秋の夜、晴れていればこの星団を見つけるのは簡単だ。

和名である〝すばる（昴）〟はハワイ島マウナケア山にある〝すばる望遠鏡〟の名前の由来にもなっている（図41下の写真）。元々、すばるは〝統べる〟、つまり、おさめることを意味している。

さて、「プレシオスの鎖」の〝鎖〟は何を意味するのだろうか。星団では、星々はお互いの重力の効果で、まとまって存在していることができる。「プレシオスの鎖を解かなければならない」ということは、星団を壊すことに他ならない。

では、プレアデス星団は壊れるのだろうか。壊れるのであれば、プレシオスの鎖は解ける。したがって、私たちが知るべきことは、星団の運命である。そこで、星団がどうやって生まれ、進化していくかを考えてみることにしよう。

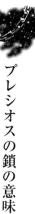

星団の世界

太陽は孤立した星だが、天の川銀河の星々の大半（約70％）は連星として存在している。さらに、孤立星や連星の他に、星団と呼ばれる星の集団もある。

星団には3種類の階層がある（図42、表18）。アソシエーション、散開星団、そして球状星団である。散開星団は天の川銀河の円盤部にある星団で、約１０００個の星が集まっている。アソシエーションは小型の散開星団のようなもので、やはり円盤部にある。散開星団もアソシエーションも、比較的、年齢の若い（数百万〜数億歳より若い）星々の集団である。一方、球状星団は天の川銀河のハロー部にある星団である。約数万〜数十万個もの星が集まっている。１００億歳以上の老齢な星々の集団であり、星々の質量も太陽の０・８倍より軽いものばかりだ。誕生したときには、もっと重い星も生まれたかもしれないが、それらはすでに超新星爆発を起こして死んでいるため、現在の球状星団には残っていない。

散開星団、アソシエーション、そして球状星団の銀河系の中の位置について、図43にまとめた。なお、球状星団は銀河のハローの領域にあるが、ハローの中で運動している。ふつうは、ハローの方向に見えるが、円盤に近づいたときは、円盤の方向に見えることがある。

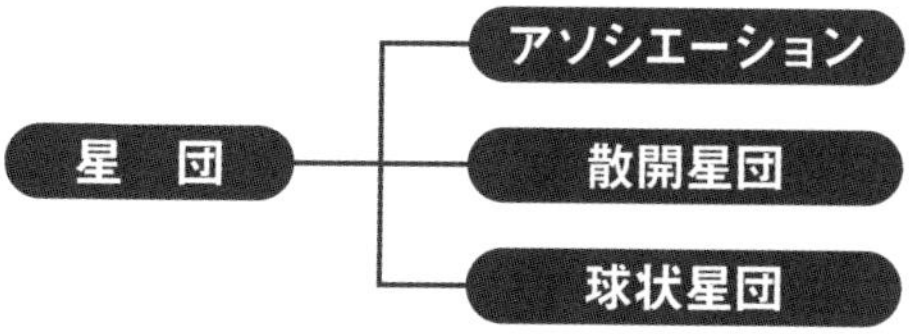

図 42　天の川銀河で観測される星団の分類.

表 18　3 種類の星団

星団の種類	星の個数	直　径	銀河系で観測される個数	存在する場所
アソシエーション[†1]	数個～数十個	数光年～数十光年	約 10 個[†2]	円盤部
散開星団	約 1000 個	数十光年	約 1500 個	円盤部
球状星団	数万個～数十万個	数十光年～100 光年	約 150 個	ハロー

[†1] アソシエーションは含まれているおもな星の種類で OB アソシエーション，アソシエーション，そして R アソシエーションの 3 種類に分類される．OB は OB 型星のことで太陽質量の 10 倍以上の質量を持つ大質量星が集まっている．T はおうし座 T 型星（主系列星になる前の若い段階にある星）のことで，若い星生成領域で観測される．また，R は反射星雲（reflection nebula なので，略号として R が使われる）に付随する星の集団である．

[†2] OB アソシエーションのみの個数.

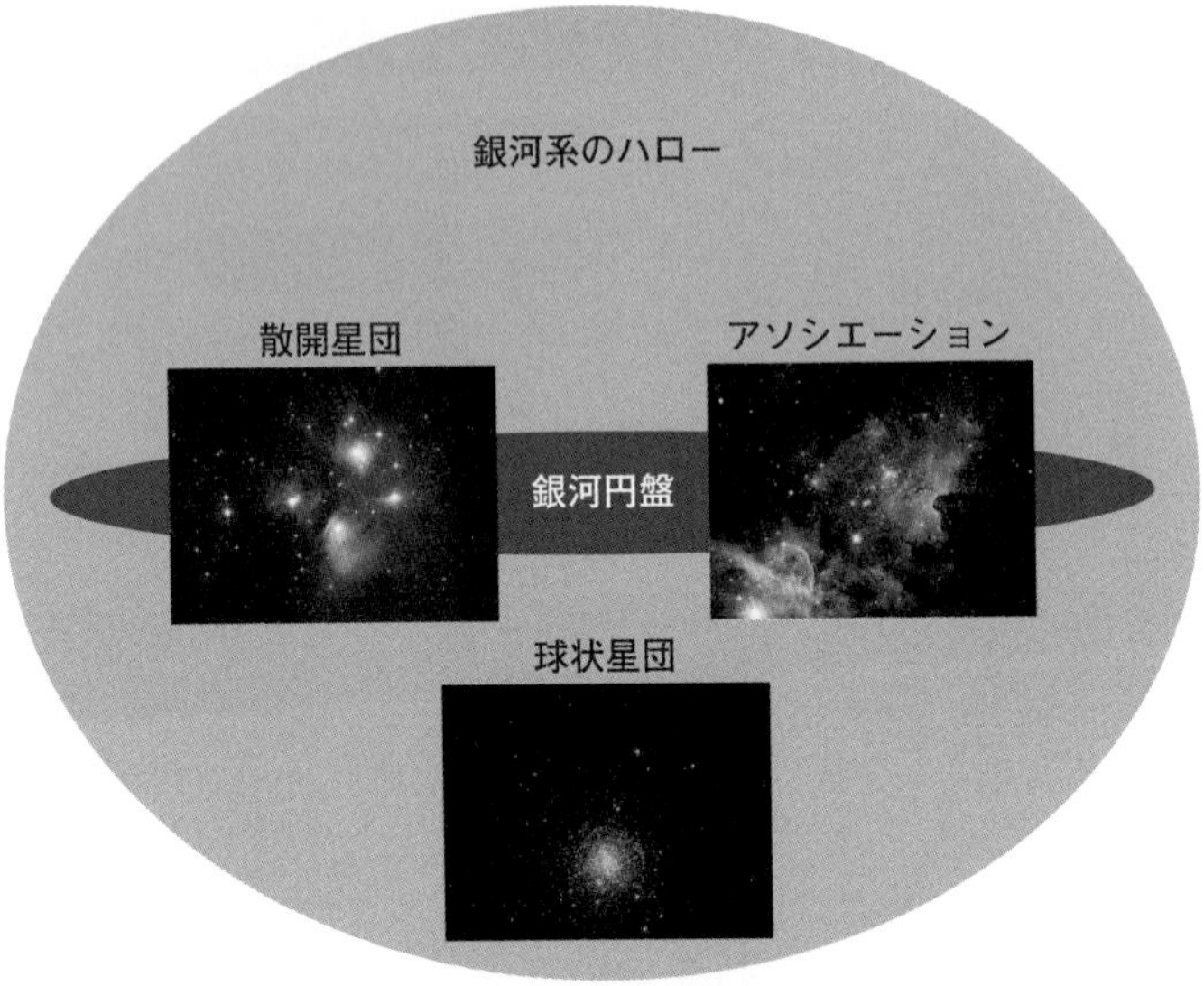

図 43　散開星団，アソシエーション，そして球状星団の銀河系の中の位置．散開星団とアソシエーションは銀河系の円盤部にあるが，球状星団はハローの領域にある．この図に示した星団の例は，それぞれ図 41，図 44，そして図 45 で紹介してある．［散開星団：東京大学 木曽観測所，アソシエーション：ESO/T.Preibisch，CC BY 4.0 via Wikimedia Commons，球状星団：ESO，CC BY 3.0 via Wikimedia Commons］

これらの星団はどのようにして生まれたのだろうか。星は分子ガス雲の中で生まれる。したがって、いずれの星団も、基本的にはガス雲の中から生まれてきたものだ。球状星団は銀河系のハロー部にあり、老齢な星々の集団である。年齢が100億歳を超えるので、年齢的には銀河系の年齢と同程度になる。そのため、銀河系が生まれた頃に、何らかのメカニズムで生まれたと考えられている。しかし、そのメカニズムはまだ解明されていない。

一方、アソシエーションと散開星団は銀河系の円盤部にあり、年齢も数億歳程度か、それより若いものもある。太陽系の比較的近いところにあるので、球状星団に比べると調べやすい星団である。これらの故郷は銀河系の円盤部にある巨大分子ガス雲である。巨大分子ガス雲の質量は太陽の数万～100万倍にも及ぶ。大きさも10～100光年ぐらいある。そこでは、星がまとまって生まれることがあり、それらが散開星団やアソシエーションとして観測されているのだろう。

まずは、散開星団、アソシエーション、そして球状星団の姿を見ておくことにしよう。

散開星団として最も有名なものはプレアデス星団（M45、すばる）である（図41）。大きさは35光年。太陽系から一番近い星はケンタウルス座のα星だが、距離は4・4光年である。この比較から、散開星団は結構大きな構造をしていることがわかる。

肉眼で見える星の明るさは6等星までだが、すばるには6等星より明るい星が12個もある。ただ、実際に眺めてみると、認められるのは6個がよいところだ。そのため〝六連星《むつら》〟とも呼ばれている。

秋の夜長、何個見えるか挑戦してみるのも一興だろう。筆者は高校生の頃（当時の視力は2・0）、8〜9個は見えたと記憶している。

アソシエーションの例としては、η《イータ》カリーナ星雲を示しておこう（図44）。散開星団というほどではないが、星々が集まっていることがわかる。昔の天文学の教科書には〝集落〟をもじって〝星落〟と記されていたものだが、最近ではこの名前は使われない。

球状星団の例としては、「さそり座」の方向に見えるM4を示しておこう（図45）。散開星団やアソシエーションとは異なり、星がびっしり集まっていることがわかる。

ところで、「さそり座」の方向には銀河面が広がっている。その方向にM4が見えるということは、M4は銀河面にある星団だと思いがちであるが、そうではない。すでに述べたように球状星団のすみかは銀河系のハローの領域である（図43）。M4は銀河系の中を周回運動しているが、いまはたまたま銀河面に近づいて来たところなので、「さそり座」の方向に見えているだけだ。

プレシオスの鎖は解ける

とりあえず、ハロー部にある球状星団のことは置いておき、天の川の円盤部にある散開星団とアソシエーションとの運命はどうなるのだろう。これらは円盤部を漂っていた巨大分子ガス雲の中で生ま

図 44　OB アソシエーションの例であるηカリーナ星雲．［ESO/T.Preibisch, CC BY 4.0 via Wikimedia Commons］

図 45　「さそり座」の方向に見える球状星団 M4．半径 35 光年．太陽系からの距離は 7175 光年．［撮影：畑英利］

れたものだ。ガス雲の密度の高い場所では、自分自身の重力の効果でガス雲が収縮し、星が生まれる（中心部で熱核融合が起こり、輝き出したものが星である）。ガス雲の中での星の誕生効率は5％程度だ。例えば、太陽の100万倍の質量を持つ巨大分子ガス雲があると、その5％のガス、つまり太陽質量の5000倍ものガス雲が星になるということだ。生まれた星の平均質量が太陽の5倍の質量を持つ星だったとすれば、生まれた星の個数は1000個になる。これらの星々が散開星団として観測されるのだ。

では、こうやって生まれた散開星団はどうなるのだろうか。星団は天の川の円盤部にあるので、円盤に乗って銀河系の中心の周りを回っている。一回りするのに、だいたい2億年かかる。この回転運動のさなか、巨大分子ガス雲と遭遇することがある。このガス雲の重力で、散開星団の星々はそれまでの運動状態から変更を受け、円盤の中に流れ出していくことがある。また、渦巻腕の中を通るときには、渦巻腕の部分では物質の密度が高いので、やはり重力の影響を受ける。こうして、数回転するうちに、散開星団は壊れていくのである。つまり、散開星団は星団としてかたちを保っている期間は、10億年程度しかないということである。

図41で見たプレアデス星団（すばる）の星々は、生まれてから1億3000万年ぐらい経過している。いまはまだ美しい星団として見えているが、すばるもあと数億～10億年すると、壊れていく。つまり、「プレシオスの鎖は解ける」。

ジョバンニよ、悩むことはない。10億年、じっと待つだけでよいのだ。

流れる北斗

散開星団が壊れる。そんなことが本当に起こるのだろうか。こういう疑問を持たれると思う。「百聞は一見にしかず」である。壊れゆく散開星団を見てみよう。

その例は、なんと、あの北斗七星だ。このおなじみの北斗七星は星団が壊れて、星団にあった星々が離ればなれになっていくところを見ているのである。

私たちは北斗七星という言葉に馴染んでいるが、北斗七星は「おおぐま座」の一部である。おおぐまの胴体と尻尾の部分が北斗七星の見えるところだ（図46）。

では、「おおぐま座」の全体像（図46）から、北斗七星をクローズアップしてみよう（図47）。北斗七星は似たような明るさの星が7個並んでいる。これら7個の星の性質を表19にまとめた。7個の星の等級は、四捨五入すればδ星のメグレズは3等星だが、残りの6個は2等星である。そのため、夜空では大変目立つ。

この表で着目して欲しいのは、7個の星までの距離である。β星からζ星までの5個は、ほぼ80光年の距離で揃っている。これは偶然だろうか。じつは、違う。これら5個の星は似たような速度で

図 46　（上）「おおぐま座」のモチーフ画．1825 年，ロンドンで発行された星座カード，（下）「おおぐま座」の写真．[「おおぐま座」の写真・撮影：畑英利，撮影地：長野県木曽町キビオ峠]

図 47　北斗七星の姿．この後で述べる“おおぐま座運動星団”に属する北斗七星の 5 個の星は赤丸で示した．［撮影：畑英利，撮影地：国立天文台水沢・木村榮記念館］

表 19　北斗七星の 7 個の星の性質

星	名　前	等　級	距離（光年）
α星	ドウベー	1.79	123
β星	メラク	2.37	80
γ星	フェクダ	2.41	83
δ星	メグレズ	3.32	81
ε星	アリオト	1.77	83
ζ星	ミザール	2.27	86
η星	アルカイド	1.86	104

「いて座」の方向へ動いているのだ。そのため、〝おおぐま座運動星団〟と呼ばれている。ζ星のミザールは二重星で、ミザールAとミザールBで構成されている。これらの星までの距離はいずれも86光年である。また、ミザールの近くには3・88等星の星があり、アルコルと呼ばれているが、このアルコルまでの距離は82光年であることがわかっている。つまり、アルコルも〝おおぐま座運動星団〟のメンバーなのだ。これらを考慮すると、合計7個になるが、周辺の星座にある星も数個は〝おおぐま座運動星団〟のメンバーであることがわかっている。

この〝おおぐま座運動星団〟、元々は一つの分子雲から生まれた星団だった。この星団はいまから約5億年前に生まれた。約5億年というと、銀河円盤の回転（一周するのに要する時間は約2億年）に乗って二回り半していることになる。さきほど述べたように、その間に渦状腕を横切ったり、他の分子雲と遭遇したりしたことだろう。その際に、分子雲や渦状腕にある物質からの重力の効果で、星団の星々の運動が変化する。そのため、元々あった星団は壊れてしまい、いまはその分裂のさなかにいるのだ。

たまたまα星とη星が似たような明るさで、よい位置にいてくれたおかげで、現在、北斗七星として見えていたのだ。必然と偶然。「必然」は「壊れゆく星団」である。そして、「偶然」は「似たような明るさの2個の星がいてくれた」ことだ。これらが協力して、あの美しい北斗七星をかたちづくっていたのである。

もう星々は１０００光年も離ればなれになっている。いまは美しい「ひしゃく」のかたちに見えているが、それもつかの間である。北斗七星はこれからもどんどんかたちを変えていく。あと数億年もすれば、夜空に北斗七星を見ることはない。夜空から消えるのは「プレシオスの鎖」だけではないのだ。

短気なジョバンニのために

さて、プレシオスの鎖が解けることはわかった。しかし、鎖が解けるまでにかかる時間は約10億年である。果たして、ジョバンニは10億年も待ってくれるだろうか。もし、ジョバンニが短気だった場合に備えて、別の解き方も考えておくことにしよう。

プレアデス星団（すばる）のような散開星団は銀河系の円盤部にあるので、銀河円盤の回転に伴い、散開星団も銀河系の中心の周りを回転している。だいたい2億年で一周する。このような運動をしていると、時々巨大分子ガス雲と遭遇したり、渦巻腕の中を通過したりする際に、星団内の星々の運動がかき乱される。そのため、散開星団は壊れていく。さきほど説明したことだ。この星団の破壊は「他力本願」である。つまり、星団以外の重い天体（物質）からの重力の効果で壊れるからだ。では「自力本願」はないのだろうか。じつは、ある。短気なジョバンニのために、そのメカニズムを説明することにしよう。

散開星団は巨大分子ガス雲の中で生まれる。すでに述べたように、典型的な巨大分子ガス雲の質量は太陽質量の100万倍ぐらいである。星の誕生効率は5%ぐらいなので、太陽質量の5000倍ものガス雲が星になる。生まれた星の平均質量が太陽の5倍の質量を持つ星だったとすれば、生まれた星の個数は1000個になるという話はした。

このうち、200個の星が太陽質量の50倍の質量を持つ大質量星だったとしよう。これらの大質量星の寿命は数百万年しかない。そして、死ぬときは超新星爆発を起こし、星の大半のガスを吹き飛ばす。200個もの超新星爆発が起こるので、散開星団を生み出した巨大分子ガス雲に残っていたガスは、爆風波で吹き飛ばされてしまう。つまり、星団に残っているのは太陽の5倍の質量を持つ星が800個になる。その総質量は太陽質量の4000倍である。しかし、元は太陽質量の100万倍もの質量があり、その重力が星団を守っていた。ところが、一気に質量が減少するため、もう星団をつなぎ止めておく力はなくなる。そのため、「自力本願」で星団は壊れていくのだ。[q]

---

q 連星や星団はその質量の半分を失うと、星々を重力でつなぎ止めておけなくなるので、壊れていく。また、少し話は専門的になるが、エネルギーの観点から星団の破壊について考えてみることもできる。巨大分子ガス雲の持つ重力エネルギー（ポテンシャル・エネルギー）は $E_G = aGM^2/R$ で評価できる。ここで、G は重力定数（万有引力定数）、M は巨大分子ガス雲の質量、R は巨大分子ガス雲の半径で

ある。aはガス雲の形状や密度分布に依存する定数だが、おおむね1程度の数値である。M＝太陽質量の１００万倍（2×10^{39}グラム）、R＝20光年（2×10^{19}センチメートル）とすると、重力エネルギーとして次の値を得る。

$$E_G = 1.4 \times 10^{52}\ \mathrm{erg}$$（エルグ）

ここで添字のＧはgravitational energyのＧを表す。

一方、超新星爆発で解放されるエネルギーは、1個あたり10^{51}エルグである。いま、２００個の爆発が起こるので、超新星爆発で解放される総エネルギーは、次のようになる。

$$E_{SN} = 2 \times 10^{53}\ \mathrm{erg}$$

ここでＳＮは超新星super novaの略として用いている。このうちの20％はガス雲の中にあるガスの運動エネルギーに還元される。したがって、ガス雲の運動エネルギーは次のようになる。

$$E_K = 0.2\ E_{SN} = 4 \times 10^{52}\ \mathrm{erg}$$

ここでＫはkinetic energyのＫを表す。

重要なのは、この値がE_Gより大きいことだ。つまり、

$$E_K > E_G$$

の関係になっているのである。これは、超新星爆発の爆風波でガス雲の中にあるガスが吹き飛ばされてしまうことを意味している。ジョバンニが短気な場合には、喜ばれそうなメカニズムになる。

超新星爆発が起こり出すのは星団が生まれてからわずか数百万年後である。このときから星団の崩壊がスタートする。まだ、長いといえば長いが、10億年に比べれば3桁も短いタイムスケールである。

ただし、プレシオス（プレアデス星団）の場合は、こうはいかない。誕生からすでに1億年以上経過しているが、まだ美しい星団として存在している。プレアデス星団ではたくさんの大質量星が生まれなかったのだろう。

もし、大質量星をたくさんつくった星団があれば、自力本願で比較的短い時間で壊れいくこともあるということだ。ジョバンニが納得してくれることを期待して、この章を終えることにしよう。

付記

この章では

「プレシオスの鎖を解く」＝「プレアデス星団が壊れる」

というアイデアに基づいて考察をした。しかし、「プレシオスの鎖を解く」ことの意味を、より深いレベルで捉えていた人がいた。斎藤文一である。この付記では、斎藤の言葉を紹介しておくことにする[8]。

> プレシオスはプレアデスに他ならない。ではその意味は何か。これは単純に星団の統合力（重力場）からの解放脱出ではない。より普遍的に銀河系全体で、新しい諸天体との連帯を求めて進み出ることを意味するであろう。

……………

この論点にはおおいに首肯できる。『銀河鉄道の夜』の初期形はブルカニロ博士の存在がかなり重く、宗教性の高い作風になっていた。賢治が国柱会に入会して、法華文学を強く意識したことも影響していると思われる。法華経では、この宇宙を一つの大きな生命体と捉えている。そして、私たち人間はその大きな生命体の一員という位置づけになる。その意味では、プレシオスの鎖を解いて、より普遍的に銀河系全体で新しい諸天体との連帯を求めていくことは、きわめて重要である。

斎藤は科学者としてのみならず、賢治研究家として高みをきわめた方である。その鮮やかな論点に、目から鱗が落ちる思いがした。

参考文献

1 入沢康夫・天沢退二郎『討議『銀河鉄道の夜』とは何か』青土社、1976
2 西田良子『宮澤賢治論』桜楓社、1981
3 村瀬学『『銀河鉄道の夜』とは何か』大和書房、1989
4 斎藤純『「銀河鉄道の夜」物語としての構造―宮澤賢治の聖性と魔性』洋々社、1994
5 西田良子編著『宮沢賢治「銀河鉄道の夜」を読む』創元社、2003
6 寺門和夫『「銀河鉄道の夜」フィールド・ノート』青土社、2013
7 原子朗『定本 宮澤賢治語彙辞典』筑摩書房、635頁〝昴の鎖［ぼうのくさり］〟、2013
8 天沢退二郎・金子務・鈴木貞美編『宮澤賢治イーハトヴ学事典』弘文堂、2010
9 吉田源治郎『肉眼に見える星の研究』警醒社、1922
10 草下英明『宮澤賢治と星』宮澤賢治研究叢書1、學藝書林、1975

第8章 受け継がれる「見者」の系譜
―天文学者→画家→作家

撮影：畑英利，東京大学木曽観測所

「見者」の世界

オリジナリティの溢れる膨大な作品群を讃えて、賢治を〝見者（けんじゃ、あるいはけんしゃ）〟あるいはさらにその上をいく〝大見者〟と称することがある。例えば、栗谷《くりや》川虹《がわこう》による『宮澤賢治見者《ヴォワイヤン》の文学』[1]や板谷栄城による『宮沢賢治の見た心象—田園の風と光の中から』[2]が参考になる。

見者としてよく引き合いに出されるのが、フランスの詩人アルチュール・ランボオ（1854－1891）である。賢治もランボオも何万年かに一人出るか出ないかの大天才だということだ。そのような人が〝見者〟と呼ばれている。

フランス語ではヴォワイヤンと呼ばれる。元々は〝見る（voir）〟からきている言葉だが、ヴォワイヤンは〝何でも見透すことができる人〟、つまり千里眼の持ち主を意味する。

板谷は賢治を次のように表現している（文献2の96頁参照）。

……普通の人が感じることのできない美しさを感じ、思うことのできない悲しさを思い、見ることのできない不思議を見る……

まさに、ヴォワイヤンだ。

見者は受け継ぐ者たちである

ここでヴォワイヤンの話を出したのには理由がある。どうも、ヴォワイヤン同士はお互いの作品の中に「何か」を感じ合い、ヴォワイヤンという才能が次世代に受け継がれていくような気がするためだ。それは『天文学者が解説する宮沢賢治『銀河鉄道の夜』と宇宙の旅』[3]で紹介した、次のエピソードに基づいている。そこでは三人のヴォワイヤンの連携について紹介した。

・アイルランドの天文学者ロス卿が子持ち星雲のスケッチを発表し、ヨーロッパ中の注目を集めた
・それを見た画家のファン・ゴッホがそのスケッチをモチーフにして、名作《星月夜》を描いた
・その絵を見て、賢治は『銀河鉄道の夜』の構想を得た

こういうストーリーである。詳細については文献3の第1章1-5節を参照されたい。

天文学者、ロス卿

さて、一人目のヴォワイヤンはロス卿（第三代ロス伯爵、本名はウィリアム・パーソンズ（1800–1867）：図48左）である。彼は１８４０年代に口径72インチ（１８３センチメートル）の反射望遠鏡を製作した。リヴァイアサン（怪物）と呼ばれるニュートン式の反射望遠鏡である（図48右）。つい先頃まで、国立天文台岡山天体物理観測所で活躍していた望遠鏡の口径は74インチ（１８８センチメートル）だから、当時としては画期的に大きな望遠鏡であった。

ロス卿はこの望遠鏡で渦巻星雲Ｍ51（「子持ち星雲」：実際には2個の銀河が相互作用しているもの。図49右）のスケッチを描き、公表した（図49左）。それまで渦を巻いている星雲のスケッチはなかった。しかも、このスケッチはクエスチョン・マーク（?）に似ているため、ヨーロッパ中の話題を集めることになった。

画家、ファン・ゴッホ

二人目のヴォワイヤンはオランダ生まれのポスト印象派、画家フィンセント・ファン・ゴッホ

図 48　（左）ロス卿，（右）ロス卿が製作したリヴァイアサンと呼ばれるニュートン式の反射望遠鏡．まるで巨大な大砲のように見える．これだけの施設をつくるには財力だけでは駄目で，頭抜けた知恵が必要だったはずである．

図 49　（左）ロス卿による「子持ち星雲」のスケッチ，（中央）クエスチョン・マーク，（右）M51 の写真．［M51 の写真：NASA，ESA，S. Beckwith（STScI），and The Hubble Heritage Team（STScI/AURA）］

図 50　ファン・ゴッホの《星月夜》.［1889，ニューヨーク近代美術館所蔵］

（1853−1890）である。彼はロス卿のスケッチに大いなる刺激を受け、名作《星月夜》を描いた（図50）。

ファン・ゴッホは星や月を大きく描く傾向があるが、この絵に描かれた巨大な渦巻きは意表を突く。かたちをよく見ると、たしかに「子持ち星雲」がフィーチャーされていることがわかる。

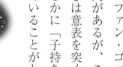

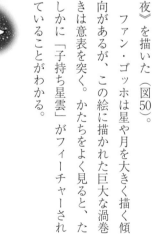

作家、宮沢賢治

そして三人目のヴォワイヤンとして賢治が登場する。賢治がゴッホの作品に魅了されていたことは有名である。その証拠に「ゴオホサイプレスの歌」が詠まれている。サイプレスは糸杉のことで、《星月夜》の絵の左にも描かれている木だ。[r] なお、ファン・ゴッホの絵には《二本の糸杉》もある。

じつは、ファン・ゴッホは銀河鉄道を彷彿とさせるアイデアについて述べている。彼が弟のテオに宛てた書簡を見てみよう（書簡506信1888（明治21）年7月頃）。

r 賢治は糸杉がお気に入りだったようで、詩の『春と修羅（mental sketch modified）』で使っている。

……
れいらうの天の海には
聖玻璃の風が行き交ひ
ZYPRESSEN春のいちれつ
くろぐろと光素《エーテル》を吸ひ
……

（第二巻　詩［I］本文篇、22-23頁）

糸杉の英語名はcypress（サイプレス）である。賢治の詩で使われているのはドイツ語のzypresse（ツュプレッセ）に由来する。賢治はこれの語尾にnをつけ、さらに大文字でZYPRESSENとしている。これに関する考察は見田宗介による『宮沢賢治―存在の祭りの中へ』[4]にあるので参照されたい。なお、見田によれば賢治はZYPRESSENをツイプレッセンと発音していたらしい。

ところで、この詩に出てくる糸杉は《星月夜》の糸杉ではないという論考を今野勉が提示している。[5]《星月夜》の糸杉は燃え上がるような勢いで描かれているが、この詩に出てくる糸杉は黒々としている。1919（大正8）年6月に出た雑誌『白樺』にゴッホの糸杉の絵が載っているが、それがまさに一列の黒々とした風情になっている。《星月夜》ではなく、《糸杉と星の見える道》のほうである。非常に説得力のある説明である。糸杉という言葉だけで《星月夜》に結びつけてはいけないということだ。注意が必要である。

……

地図のうえで幾多の町や村々を指し示す黒い点々は僕を夢想に誘うけれど、それと同じように単純に、星空を見ると、僕はいつも夢想に誘われる。フランスの地図のうえの点々は実際に訪れることができるのに、どうして天蓋に輝く点々は手にとどかないということがありえようか—そう僕は自問する。

タラスコンやルーアンに行くのに列車に乗るなら、ひとつの星に行くには〈死〉に乗ればよい。こんな思案のうちで確かに間違っていないのは、生きているうちは星にはいけないけれど、それに劣らず、死んでしまえば列車に乗れない、ということだ。

要するに、汽船や乗合馬車や鉄道が、地上の機関車であるように、これら砂状結石、肺病や癌が天空の機関車であるというのも、不可能ではないだろう。[6]

なんと、これは『銀河鉄道の夜』のコンセプトそのものである。天上の星々の世界に行くには、〈死〉という乗り物に乗る必要がある。ファン・ゴッホはそう述べているのである。賢治はその乗り物として銀河鉄道を選んだと思えば、二人は見事につながる。

賢治はゴッホの《星月夜》を知っていたと思われる。もし賢治がこの手紙も見ていたとすれば、『銀河鉄道の夜』はゴッホの置き土産として賢治に受け継がれたと考えてよいだろう。

図51　国立天文台岡山天体物理観測所で活躍していた口径74インチ（188 cm）の反射望遠鏡．この望遠鏡の架台はイギリス式と呼ばれる赤道儀になっている．［NAOJ］

ロス卿から岡山天体物理観測所へ

ロス卿が制作した口径72インチ（183センチメートル）の反射望遠鏡リヴァイアサン（図48右）の紹介をしたところで、国立天文台岡山天体物理観測所で活躍していた望遠鏡を引き合いに出した（図51）。口径は74インチ（188センチメートル）。リヴァイアサンより口径が5センチメートルだけ大きな反射望遠鏡である。双子というか、兄弟のような望遠鏡である。

じつは、この望遠鏡はロス卿とつながりがある。製作したメーカーはグラブ・パーソンズ（Sir Howard Grubb, Parsons and Co. Ltd）という光学メーカーである。英国のニューカッスル・アポン・タインを拠点として、望遠鏡や双眼鏡の製作・

販売を行っていた会社だ。

元々はダブリンで産声を上げたグラッブ望遠鏡商会という名前の会社だが、その設立は1833年までさかのぼる。この会社の設立当初はロス卿とは無縁であった。しかし、1925年に転機が訪れた。ロス卿の息子であるチャールズ・アルジャーノン・パーソンズがこのメーカーを買収したのだ。そのため、社名はグラッブ・パーソンズに変更となったのである。そして、岡山天体物理観測所の望遠鏡はこの会社が製作したものなのだ。

そんなこととはつゆとも知らず、大学院生の頃は岡山天体物理観測所の望遠鏡を使っていた。いま頃、ようやく望遠鏡の出自がわかった次第である。

岡山天体物理観測所が開所したのは1960（昭和35）年のことだ。観測は2年後の1962（昭和37）年に開始された。開所当時は世界第7位の大きさを誇る大望遠鏡であった。運用以来、半世紀以上にわたって日本の光学天文学の発展に寄与してきた。現在では、観測所の敷地には京都大学が運用する口径3・8メートルの反射望遠鏡が稼働しはじめている。

また、国立天文台は2000（平成12）年から米国ハワイ島マウナケア山の山頂で口径8・2メートルのすばる望遠鏡の運用をしている。一方、東京大学は南米チリ共和国のチャナントール山（標高5000メートル）で口径6・5メートルの光学赤外線望遠鏡TAO（Tokyo Atacama Observatory）の建設を進めている。

望遠鏡は大型化の一途をたどっているが、岡山天体物理観測所の口径74インチ（188センチメートル）の反射望遠鏡は筆者の故郷のような望遠鏡である。何しろ、筆者の博士論文では、この望遠鏡を使って取得した銀河の分光観測データが使われたからである。いまでは、懐かしい思い出だ。

追記　四十五分の謎

この章では、天文学者のロス卿、画家のヴィンセント・ファン・ゴッホ、そして作家の宮沢賢治の連環を追ってみた。じつは、宮沢賢治の後につながるヴォワイヤンの候補がいる。それは歌手の井上陽水である。

この話の発端は『銀河鉄道の夜』にある。『銀河鉄道の夜』を読んで、非常に不思議に思ったことがある。それは四十五分という時間のことだ。

『銀河鉄道の夜』の終わりに起こった悲しい出来事があった。主人公のジョバンニの友人であるカムパネルラが川で溺れて死んでしまったのだ。物語なので、それはしょうがない。ところが、カムパネルラのお父さんが出てきて、妙な発言をするのである。それは次の文章を読むとわかる。

……俄かにカムパネルラのお父さんがきっぱり云ひました。
「もう、駄目です。落ちてから四十五分たちましたから。」
（第十一巻、170頁）

この文章の中で、何となく奇異に感じられるところは〝四十五分〟である。いかにも中途半端な数字だからだ。実際、この数字にはいろいろな議論がされてきた経緯があるようだ。ふつうなら、1時間、3時間、あるいは10時間など、切りのよい数字を使うのではないだろうか。また、災害時の人命救出のときに目安となる、生存確率の高い時間は72時間までである。もちろん、賢治の時代にはこの目安はなかっただろうが。

いずれにしても、賢治には賢治独特の発想があった。それがふつうの人にはピンとこない〝四十五分〟という時間になったのだろう。

この中途半端な〝四十五分〟をタイトルに入れた歌がある。井上陽水の「背中まで45分」である。井上陽水は「雨ニモマケズ」をフィーチャーした「ワカンナイ」という名曲も上梓している。ひょっとしたら、賢治の『銀河鉄道の夜』の精神は井上陽水に受け継がれたのだろうか。もしそうだとすれば、ヴォワイヤンの系譜は続いていたのだ。

参考文献

1 栗谷川虹『宮澤賢治 見者《ヴォワイヤン》の文学』洋々社、1983

2 板谷栄城『宮沢賢治の見た心象─田園の風と光の中から』日本放送出版協会（NHKブックス）、1990

3 谷口義明『天文学者が解説する宮沢賢治『銀河鉄道の夜』と宇宙の旅』光文社（光文社新書）、2020

4 見田宗介『宮沢賢治─存在の祭りの中へ』岩波書店、1984（岩波現代文庫（2001）でも読める。こちらの場合は237頁を参照されたい）

5 今野勉『宮沢賢治の真実─修羅を生きた詩人』新潮社、2017

6 稲賀繁美「宮澤賢治とファン・ゴッホ 相互照射の試み」お茶の水女子大学比較日本学教育研究センター研究年報、第8号、89─99頁、2012

初出一覧

本書はすでに雑誌などで掲載された原稿と、新たに書き下ろした原稿からなる。雑誌などで掲載された原稿の場合、雑誌が規定している文章量に合わせて、内容を簡略化した部分がある。そこで、本書では掲載された原稿そのものではなく、最初に用意したフル・バージョンの原稿を用いた。

第1章　理科少年から銀河鉄道へ

渡部潤一、書き下ろし。

2021年度開講の予定であった「宮沢賢治に学ぶ天文学入門」（放送大学教育振興会）の印刷教材の第4章と第5章のために準備されたものである。コロナ禍のため岩手県でのロケが不可能になったため、開講は延期された。この章の文章は、その原稿に加筆を行い、本書用に書き下ろしたものである。

第2章　銀河の発電所

谷口義明『月刊うちゅう』大阪市立科学館、第38巻、第5号、8月号、4-11頁、2021

第3章　宮沢賢治はなぜカシオペヤ座に三目星を見たのか

谷口義明『天界』東亜天文学会、第102巻、11月号、385-391頁、2021

第4章　玲瓏レンズと水素のりんご

谷口義明、書き下ろし

第5章　ジョバンニが銀河鉄道の中から見た、がらんとした桔梗色の空の謎

谷口義明・渡部潤一・畑英利『天文月報』日本天文学会、第114巻、6月号、405-415頁、2021

第6章　宮沢賢治は宇宙塵を見ていた―『銀河鉄道の夜』に出てくる「天気輪の柱」は対日照なのか

谷口義明『天界』東亜天文学会、第102巻、2月号、41-45頁、2021（こちらはエッセンス版であり、本章では完全版を収録）

第7章　プレシオスの鎖の解き方

谷口義明『賢治学+』第1輯、岩手大学宮沢賢治いわて学センター、46-58頁、2021

第8章　受け継がれる「見者」の系譜―天文学者→画家→作家

谷口義明「Kamo Zine」（かもがわポータルマガジン）、2020年夏号より5回連載

なお、本書では掲載された文章ではなく、オリジナル版を収録させていただいた。

あとがき

2018年の夏に『銀河鉄道の夜』を読んだだけなのに、頭の中に宮沢賢治の世界が一気に広がった。賢治の作品を読むと、不思議といろいろなことが思い浮かんでくる。賢治と私の共通点は少ない。あえていえば、二人とも理科少年だったことだろうか。もう一つの接点は星空に魅せられたことかもしれない。いずれにしても、生活の中に賢治の作品が入り込んだことだけはたしかだ。

じつは、そのおかげで人との交流が動き出した。本書の共著者である渡部潤一と畑英利とは、もう三十数年来のつき合いがある。私が天文学者として仕事をしはじめたのは32歳のときで、就職先は東京大学東京天文台銀河系部（現在の国立天文台）だった。東京天文台の本部は東京の三鷹にあるが、私の勤務地は長野県の木曽にある天文台だった（木曽観測所と呼ばれ、口径105センチメートルのシュミット望遠鏡がある）。

そこで助手をしているとき、渡部が東京大学の大学院に入学してきた。観測のため木曽観測所に来たが、聞けば彗星の観測をするという。当時の研究の主流は銀河や宇宙論に傾いていたので、彗星のような太陽系天体の研究を志す若手は珍しかった。ただ、私は高校時代、彗星に興味を持って小さな望遠鏡で捜索したことがあった。三晩でやめてしまったが（三日坊主）、彗星に対する興味は持ち続けていた。毎月数晩、木曽観測所ではスタッフに観測当番というデューティーがあり、来訪者のサポートをする。そのため、渡部と一緒に彗星の撮影をしながら、夜を過ごすこともあった。そのときは知らなかったのだが、渡部は宮沢賢治に最も詳しい天文学者なのだ。それを知ったのは、もっと後のことだった。

時期を同じくして、畑英利と出会った。畑は長野県で中学校の教員をしていたが、天体観測の腕前はプロ級であった。日本天文学会の内地留学奨学金を得て、木曽観測所ではたらくことになったのである。シュミット望遠鏡で撮影された天体写真を元に、スライド集を出版した。また、『KISOシュミットアトラス』(丸善)という素晴らしい写真集の出版も実現させた。木曽観測所で得られた成果を一般の方々に還元するという意味で、多大なる貢献をしてくれたのだ。

木曽観測所の観測当番には年末年始担当というのもあった。12月28日〜1月3日まで観測所に泊まり込み、晴れていれば観測をする仕事だ。私がその当番にあたったとき、畑が駆けつけて来てくれた。頼もしい援軍である。そして、その当番のとき、私たちはシュミット望遠鏡で彗星探査をした。数十枚の写真を撮影したが、成果はゼロだった。シュミット望遠鏡で使われる写真乾板(写真乳剤をガラス板に塗ったもの)は、1枚3万円もする。100万円を超える観測だったが、いまではよき思い出だ。

その後、私は木曽観測所を離れ、東北大学に異動した。それまで、研究対象は近傍の宇宙にある銀河だった。その頃、宇宙科学研究所(現在のJAXA)の奥田治之氏から声を掛けられた。「ヨーロッパ宇宙機構（ＥＳＡ）が赤外線天文衛星を打ち上げる。日本も部分参加するが、何かやってみないか？」この誘いがあったのは１９９２年のことだ。

可視光帯は地上の望遠鏡で観測できるが、波長5ミクロンを超える中間赤外線帯になると、地球大気の吸収の影響で天体は見えなくなる。宇宙望遠鏡が必要になるのだ。「どうせやるなら、誰もやっていないことをやろう！」このスピリットのもと、波長7ミクロン帯で深宇宙探査（ある天域を長時間観測してきわめて暗い天体を探す研究）を行うことにした。何が見えるかわからない。深宇宙探査は答えを決めないビジネスだ。私たちは割り当てられたすべての観測時間を一つの天域の観測に費やすことにした。無謀ともいえる挑戦だった。ヨーロッパからは「日本人はクレージーだ！」と揶揄された。それでも迷わなかった。「本当にやるのか？」スペインにあるＥＳＡの衛星運用管理局からメールが来た。「24時間以内に決断せよ！」私はすぐにチームの意見をまとめ、返事を返した。「ＧＯ！」

この判断は正解だった。競争相手のヨーロッパチームの観測より、3倍も暗い銀河の検出に成功したからだ。１９９７年1月、マドリード郊外のヴィアフランカで開催された研究会で成果発表をして、大喝采を浴びることになった。

「一番じゃダメなんですか？」あたり前である。深宇宙探査は一番を目指す。これしかないのである。その後、私たちは遠赤外線、サブミリ波帯でも深宇宙探査を成功させ、遠方の宇宙にあるダストに包まれた若い銀河を発見し続けた。いずれも一番乗りの成果だった。

2000年、すばる望遠鏡の完成とともに、久々に可視光帯に戻った。「すばるディープ・フィールド」という可視光帯での深宇宙探査に参加し、今度は128・3億光年彼方の銀河を数十個も発見した。当時の、遠方銀河の世界記録を更新することができた。2005年のことだ。翌2006年には愛媛大学に異動し、宇宙進化研究センターを設立した（2007年11月）。センター長として忙しい日々を送ることになった。

少しさかのぼるが、2003年からは、ハッブル宇宙望遠鏡史上最大の基幹プロジェクトである「宇宙進化サーベイ」に誘われた。ハッブル宇宙望遠鏡、すばる望遠鏡など、人類が手にした史上最高性能の望遠鏡だけを使って、広域ディープサーベイを行い、宇宙の進化を解き明かすプロジェクトだ。最大の目的はダークマターの空間分布を調べることだった。この成果は2007年に公表され、そのニュースは世界中を駆け巡った。

2016年、海部宣男氏からのオファーを受けて、私は放送大学に異動した。私の専門分野は銀河天文学と観測的宇宙論だが、放送大学ではそんなことはいっていられない。学部の卒業研究や大学院の修士論文のテーマは多岐にわたっている。古天文学（天文学の歴史）から、太陽系天体、星、銀河、宇宙論まで、何でもありだ。ところが、これがまた楽しい。私にとっては、未知の分野への挑戦になるからだ。

そして2018年の夏、宮沢賢治の『銀河鉄道の夜』に巡り合う。「そうだ、天文学入門の講義を宮沢賢治の作品を紐解きながらやってみたら面白いのではないだろうか？」このアイデアを思いついた。天文学入門といえば、地球、太陽系などの近場のことから、天の川の星々、そして銀河へと話を進めていくことが多い。これが既定路線だ。別に問題はないのだが、陳腐であることも事実だ。宮沢賢治をフィーチャーすることで、まったく新しい天文学入門の講義を実現できるかもしれない。この思いが強まり、渡部に相談を持ちかけたのである。これが本書のはじまりだった。渡部は国立天文台の副台長になっていた。

そして、もう一つ必要なことがあった。それは宮沢賢治が見た星空や岩手（賢治がイーハトーブと呼んでいた場所）の様子をぜひ紹介したい。それならば、畑に頼むしかない。畑はアイスランドを拠点にして美しいオーロラの写真の撮影を楽しんでいた。写真集を出版し、また個展を開き、大活躍していた。

本来なら三人で集まり、いろいろ相談をしながら仕事をしたかった。しかし、2019年のはじめから人類はコロナ禍に苛まれることになった。岩手でのロケが中止になり、放送大学の講義番組の制作は延期となった。また、畑はアイスランドに出掛けることができなくなる事態になった。だが、畑の場合、長野から新潟経由で東北地方に出掛けることができる（コロナ禍がひどい首都圏を通過しなくて済む）。このルートを利用して、畑は2020～21年の間、岩手への撮影旅行を敢行した。『イーハトーブ星空紀行』だ。こうして、賢治の見た星空を手にすることができたのである。

結局、メールを頼りに仕事をするしかなかったが、賢治の遺してくれた謎について考える時間はできた。それらを集めて、本書が出来上がった次第である。現在、畑は三人の念願だった『イーハトーブ星空紀行』をまとめているさなかである。その前哨戦として『開田高原の星空』（畑・谷口・渡部、かいだ印刷、２０２２年2月）が刊行されたことを申し添えておきたい。「木曽路はすべて山の中である。」島崎藤村の『夜明け前』に記された通りだ。そのため、夜空は美しく見える。イーハトーブの星空に負けない美しい星空を堪能できる。本書とあわせてお楽しみいただければ幸いである。

ところで、このあとがきの冒頭で、賢治の作品に出会ったおかげで、「人との交流が動き出した」と述べた。渡部・畑との連携がうまく回り出したことはその一つである。じつは、動きはじめた人との交流はまだまだある。

発端は『銀河鉄道の夜』を読んだことだが、私自身、宮沢賢治に詳しいわけではない。子どもの頃に教科書で読んだ作品（『よだかの星』、『注文の多い料理店』ぐらいだろうか）と、あのあまりにも有名な詩「雨ニモマケズ」を覚えている程度の人間である。せっかくの機会だ。少し宮沢賢治について勉強してみようと思った。

そんなとき、目にしたのが岩手大学宮澤賢治センター（２０１９年度から宮沢賢治いわて学センターと改称された）の存在だった。私は宮城県の仙台市に住んでいる。盛岡は近い。そこで、さっそくセンターの会員になることにした。定期的に講演会があるので、都合がつくときは盛岡まで出掛けることにした。2019年11月30日には「国際周期表年 2019記念講演会」を兼ねてイベントがあったので出掛けた。そこでは、桜井弘氏（京都薬科大学名誉教授）と知り合うことができた。私は桜井氏の著した『宮沢賢治の元素図鑑―作品を彩る元素と鉱物』（化学同人、2018）が大のお気に入りで、この本を携えて出掛けた。幸い、桜井氏のサインをいただくことができて、私の宝物になった。桜井氏とはその後もメールで交流を続けている。

また、センターの木村直弘氏（岩手大学人文社会科学部教授）と知己を得たことは幸いであった。賢治の研究をしている人と交流できることはなかなかないことである。この縁のおかげで、センターの第6回研究会で私が講演することになった（2021年1月28日）。講演のタイトルは「宮沢賢治の宇宙」である。コロナ禍の影響でオンラインの開催となったが、それが幸いして外国からの参加者もあり、大変面白かった。講演時間は約1時間だったが、質疑応答の時間は45分にも及んだ。私のような新参者に講演のチャンスを与えてくれたことに深く感謝している。なお、講演のビデオは左記頁のリンク先から見ることができる。https://jinsha.iwate-u.ac.jp/news/2021/02/01/11274

また、木村氏からセンター発行の雑誌『賢治学＋』の第1輯への寄稿を依頼され「プレシオスの鎖の解き方」を上梓することができたことも大きな喜びであった。コロナ禍がおさまったら、盛岡に出掛け、木村氏にいろいろご指導していただきたいと考えている。

本書に収録された原稿には、日本天文学会と東亜天文学会の学会誌である『天文月報』と『天界』

に掲載されたものが含まれている。たくさんの原稿を抱えている中で、掲載してくださったことに深く感謝している。東亜天文学会はアマチュア天文家を母体とした学会であるが、1920年の発足以来（日本天文学会は1908年の発足）、活発な活動をしている学会である。会長の山田義弘氏とは20年来の知り合いであり、お世話になりっぱなしである。山田氏の勤務している東京未来大学で講演会も行ったことがある。

また、山田氏の紹介で、千葉県鴨川市にあるかもナビ実行委員会が発行している「Kamo Zine」（かもがわポータルマガジン）に拙稿を掲載していただいた（第8章）。動けば、縁は広がる。そのことを実感している次第である。

大阪市立科学館にもお世話になっている。日本天文学会が大阪大学で開催されたとき（2015年春季年会）、私が公開講演会の講師だった。そのとき、会場を提供してくれたのが大阪市立科学館だった。また、関西地区の「〝宇宙（天文）を学べる大学〟合同進学説明会」が毎年開催されているが、その会場も大阪市立科学館であった。そのため、ほぼ毎年この科学館を訪れる機会があった。科学館の渡部義弥氏にはいつもお世話になっていたが、今回は岡山天体物理観測所の188センチメートル望遠鏡とロス卿との関係をご指摘いただいた。また嘉数次人氏には科学館の雑誌『月刊うちゅう』への寄稿を依頼していただいた。お二人のみならず、大阪市立科学館には深く感謝申し上げる。

また、丸善出版との縁も続いている。じつは、私の処女作は丸善（当時）から1992年に出版された。『宇宙のはてで銀河に会いたい』である。これ以降も『ピーターソン活動銀河核』（共訳、2010）、『宇宙の「一番星」を探して』（2011）、『巨大ブラックホールと宇宙』（2012）、『宇宙探査の歴史&宇宙の起源にせまる21のアクティビティ』（監修、2016）、『アンドロメダ銀河のうずまき』（2019）、『ついに見えたブラックホール』（2020）でお世話になった。編集者の堀内洋平氏とは『ピーターソン活動銀河核』以来、ずっとお世話になってきている。2021年11月、コロナ禍のややおさまった間隙をついて東京で本書の打ち合わせができたことは幸いであった。久々にお会いしたので約2時間も談笑を楽しむことができた。本書が実現したのは堀内氏のご努力に負うものである。また、本書では編集者の山口葉月氏に大変お世話になった。山口氏の建設的なご提案ときめ細やかな文章のチェックのおかげで、ずいぶん読みやすい一冊となった。末尾になり恐縮だが、堀内氏と山口氏のお二人に深く感謝したい。

ながながと「あとがき」におつき合いいただき、読者の皆さんに深く感謝したい。これだけ人のつながりができて、本書が上梓できることになった。賢治さんが空の上でニコニコしながら見守っていてくれているような気がしてならない。ひょっとしたら、「もっと、精進せよ！」と叱咤激励してくれているかもしれない。渡部、畑と力を合わせて、頑張ってみたい。イーハトーブの空の下で祝杯を上げるのはいつになるのだろうか。

谷口　義明

著者紹介

谷口義明（たにぐち・よしあき）

1954年　北海道名寄市で生まれる
すぐに旭川市に引っ越したため、幼少期の記憶は旭川からになる
北海道立旭川東高等学校卒業
東北大学理学部天文および地球物理学科第一卒業
東北大学大学院理学研究科天文学専攻 単位取得のうえ退学
放送大学・教養学部・教授
理学博士
専門：銀河天文学、観測的宇宙論
著書：『天の川が消える日』（日本評論社、2018）、『アンドロメダ銀河のうずまき 銀河の形にみる宇宙の進化』（丸善出版、2019）、『宇宙はなぜブラックホールを造ったのか』（光文社（光文社新書）、2019）、『天文学者が解説する宮沢賢治『銀河鉄道の夜』と宇宙の旅』（光文社（光文社新書）、2020）、『小さなことにあくせくしなくなる天文学講座 生き方が変わる壮大な宇宙の話』（PHP研究所、2021）など多数

渡部潤一（わたなべ・じゅんいち）

1960年　福島県会津若松市で生まれる
福島県立会津高等学校卒業
東京大学理学部天文学科卒業
東京大学大学院理学研究科天文学専攻修了
国立天文台・上席教授
理学博士

専門：太陽系天文学

著書：『最新　惑星入門』（渡部潤一・渡部好恵、朝日新聞出版（朝日新書）、2016）、『第二の地球が見つかる日―太陽系外惑星への挑戦』（朝日新聞出版（朝日新書）、2019）、『古代文明と星空の謎』（筑摩書房（ちくまプリマー新書）2021）など多数

畑英利（はた・ひでとし）

1955年　長野県木曽町で生まれる
山梨大学教育学部卒業
放送大学大学院人間発達科学プログラム修了
日本天文学会・内地留学奨学金の支援を得て、
東京大学天文学教育研究センター・木曽観測所で勤務
理科教員として長野県内の小中学校勤務
2016年よりアイスランドを拠点にオーロラ撮影
2019年より現代美術家協会写真部門所属天体写真家
東京、名古屋、大阪にて天体写真の個展開催
著書：『信州の星空 星降る里の天文文化』（銀河書房、1985）、『KISOシュミットアトラス』（丸善、1994）、『遥かなる宇宙へ オールカラー版』（畑英利・樽沢賢一、日経BP出版センター、1995）、『ICELAND オーロラのある風景 アイスランド一周・オーロラガイド』（デザインエッグ社、2017）、『ICELAND オーロラ撮影ガイド 撮影場所42地点紹介（オーロラ旅行ガイド本）』（2019）

天文学者とめぐる宮沢賢治の宇宙
—イーハトーブから見上げた夜空

令和4年8月20日　発　行

著作者　谷　口　義　明
　　　　渡　部　潤　一
　　　　畑　　　英　利

発行者　池　田　和　博

発行所　丸善出版株式会社
〒101-0051 東京都千代田区神田神保町二丁目17番
編集：電話(03)3512-3265／FAX(03)3512-3272
営業：電話(03)3512-3256／FAX(03)3512-3270
https://www.maruzen-publishing.co.jp

DTP組版・斉藤綾一／印刷・シナノ印刷株式会社／
製本・株式会社 松岳社

ISBN 978-4-621-30734-2　C1044　Printed in Japan